高等职业教育精品工程系列教材

自动化生产线控制与维护

曾洁琼　主　编

贺暒豪　罗　冲　副主编

万加富　主　审

U0217747

电子工业出版社

Publishing House of Electronics Industry

北京·BEIJING

内 容 简 介

本教材针对企业实际需求，结合智能制造技术的发展趋势，围绕学生技能竞赛编写而成。教材内容以自动化生产线技术为出发点，以实现自动化生产线设计为目标，以实际的自动化生产线为载体，辅以各种典型案例与应用，基于西门子 S7-1500 PLC，先对 PLC 技术、触摸屏技术、变频器技术和电机技术进行基础应用介绍，再设计 8 个独立的工作单元，由浅入深地介绍了自动化生产线的各种技术与常用功能的实现，使学生在案例的实现过程中学习相关的自动化生产线设计知识，从而建立自动化生产线知识体系，提高学生解决实际问题的能力。

本教材以数字孪生（Digital Twin）技术打造一个虚拟仿真平台，以虚拟仿真和实体设备相结合的方式展示典型自动化生产线的设计方法和设计流程，教学依托与本教材配套的数字孪生虚拟仿真 3D 模型教学实验平台，无须购买相关实体设备，就能让学生学习到当前主流的自动化生产线设计与维护技术。

本教材可作为高职、中职院校的教材，适用专业包括电气自动化技术、机电一体化技术、工业机器人技术等。

图书在版编目（CIP）数据

自动化生产线控制与维护 / 曾洁琼主编. —北京：电子工业出版社，2024.2

ISBN 978-7-121-47503-0

Ⅰ. ①自… Ⅱ. ①曾… Ⅲ. ①自动化生产线－控制 ②自动化生产线－维修 Ⅳ. ①TP278

中国国家版本馆CIP数据核字（2024）第055858号

责任编辑：郭乃明　　特约编辑：田学清

印　　刷：山东华立印务有限公司

装　　订：山东华立印务有限公司

出版发行：电子工业出版社

　　　　　北京市海淀区万寿路 173 信箱　　邮编　100036

开　　本：787×1092　1/16　　印张：19　　字数：439 千字

版　　次：2024 年 2 月第 1 版

印　　次：2024 年 2 月第 1 次印刷

定　　价：57.00 元

凡所购买电子工业出版社图书有缺损问题，请向购买书店调换。若书店售缺，请与本社发行部联系，联系及邮购电话：（010）88254888，88258888。

质量投诉请发邮件至 zlts@phei.com.cn，盗版侵权举报请发邮件至 dbqq@phei.com.cn。

本书咨询联系方式：010-88254561。

前言

随着智能制造技术的发展，自动化生产线技术也发生了新的变化，以数字孪生技术为依托，可以打造基于虚拟仿真平台的自动化生产线的电气控制系统，让自动化生产线的设计不再依托实体设备。虚拟仿真平台的打造，让自动化生产线的设计与学习从线下转移到线上。本教材以数字孪生技术打造虚拟仿真平台，以虚拟仿真和实体设备相结合的方式展示了典型自动化生产线的设计方法和流程。本教材配套数字孪生虚拟仿真 3D 模型教学实验平台，只要使用本教材，无须购买相关的实体设备，就能学习当前主流的自动化生产线设计与维护技术。

本教材是针对该课程涉及的知识点多、内容广的特点，结合企业实际需求、各类技能竞赛要求、智能制造的发展趋势编写的，编者在多年主讲自动化生产线控制技术课程的基础上，总结经验并经过大量专业调研，与企业合作推出了这本符合项目化应用和实际教学需求的教材，以自动化生产线技术为出发点，以实现自动化生产线设计为目标，以实际的自动化生产线为载体，辅以各种典型案例与应用，使学生在案例的实现过程中学习相关自动化生产线设计知识，归纳出共性的知识，建立自动化生产线知识体系，将这些知识应用到新的实践当中，注重培养学生解决实际问题的能力。本教材内容充实，从生产线的气动控制系统、电气控制系统的设计到传感检测技术的应用，先通过虚拟仿真平台验证程序设计的正确性，再将程序下载到实体设备进行进一步调试和优化。自动化生产线的控制器为西门子 S7-1500 PLC，包含 8 个独立的工作单元。

本教材程序由企业工程师与教师共同编写，以工程师的视角进行编程，将线性编程、模块化编程、结构化编程等多种编程方式融入教材；使用 LAD、S7-SCL 及 S7-GRAPH 等多种语言进行编程，展示不同编程语言的用法及应用场合，向学生展示不同的编程语言和编程方法。

本教材可作为高职、中职院校的教材，适用专业包括电气自动化技术、机电一体化技术、工业机器人技术等。当不同的专业选用本教材时，可根据实际需要对教学内容进行适当删减。

本教材由曾洁琼担任主编，由贺暒豪、罗冲担任副主编，芮庆忠、傅仁轩、李碧轩、肖正、张军枚参与编写，由万加富担任主审，曾洁琼完成全书的统稿工作。广东工贸职业技术学院的连财勇、梁坚乐、林晓帆、陈杰俊为本书的汇总、校对及编排做了大量工作,在此向他们表示衷心的感谢。

由于编者水平有限,书中的错误、疏漏之处在所难免,望广大读者批评指正,编者将万分感激。

编者

2024 年

目录

项目 1

自动化生产线的认知

任务描述

自动化生产线控制系统是机械、气动、传感检测、电机驱动、PLC（可编程逻辑控制器）、网络通信及人机界面等多种技术和设备的有机结合。本项目主要包括自动化生产线概述、应用场合及现场管理与维护的相关知识，学生通过学习这些知识可以认识自动化生产线，掌握自动化生产线维护知识。

教学目标

知识目标	技能目标	素养目标
自动化生产线的应用现状、应用场合；机电行业的发展情况；自动化生产线的组成	能够分析各组成单元的基本功能及生产线的系统运行方式；能够认识自动化生产线的组成单元及控制功能	帮助学生了解中国以工业化为基础的现代化建设的内涵，建立行业领域的发展信心

任务 1.1　自动化生产线及应用

1.1.1　认识自动化生产线

自动化生产线最大的特点是技术的综合性，这是指自动化生产线技术融合了机械控制技术、气动控制技术、电机控制技术、传感检测技术、人机交互技术、工业网络技术等，并将这些技术全部应用于同一条生产线中。自动化生产线的另一个特点是系统性，要使得以上技术有机融合在一起，实现生产线连续、稳定地运行生产，必须保证机械的动作、传感器的检测、气动控制系统的工作及其辅助元件在自动化生产线的"大脑"——PLC 的控制下协调有序地工作，连续、稳定、安全地完成预定的生产流程，完成生产任务。自动化生产线的特点如图 1-1-1 所示。

自动化生产线											
综合性						系统性					
机械控制技术	气动控制技术	电机控制技术	传感检测技术	人机交互技术	工业网络技术	检测	传输	处理	控制	执行	驱动

图 1-1-1　自动化生产线的特点

1.1.2　了解自动化生产线的应用

近些年来，自动化生产线技术的发展带动了我国智能制造业的发展，促进了我国的经济发展。图 1-1-2 所示为某电商公司的自动化无人仓库，这也是全球第一个规模化运行并投入实际使用的全流程无人仓库，承担华东地区每天 20 万单 3C 电子产品和个人护理产品的物流分拣打包工作，仓库里没有人，工作者是上千台机器和传送带。所有的机器都有各自精准的轨道和工作流程，即使是几乎随时在运动的自动转运货架 AGV，也具备防触碰和主动避让程序。数千台机器在自主研发系统的引导下密切配合，完成每天 20万单产品的入库、分拣、打包、出库的全流程的无人化运作。公司表示，要让这一无人仓库的运转成为世界标准，用中国自主研发的无人仓库智能控制系统开启全球智慧物流的未来。

图 1-1-2　某电商公司的自动化无人仓库

图 1-1-3 所示为某汽车公司的自动化汽车生产线。汽车生产线是一种进行汽车生产流水作业的生产线，它包括焊装、冲压、涂装、动力总成及检测等。一些大型公司的自动化水平大大提高，其中，汽车装配线是人和机器的高效组合，各种工业机器人在总控设备的控制下，将输送系统、随行夹具和在线专机、检测设备等有机组合，以满足汽车

零件的装配要求，充分体现了自动化生产线的灵活性与柔性化。

图 1-1-3 某汽车公司的自动化汽车生产线

图 1-1-4 所示为口罩生产线，集生产和包装功能于一体，包括成型、耳带焊接、杀菌消毒及包装等工序单元。生产线上的每个单元都有相应独立的控制与执行功能，通过工业网络通信技术将生产线构成一个完整的工业网络系统，确保整条生产线高效、有序地运行，实现大规模的自动化生产控制与管理。

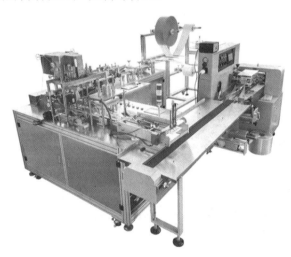

图 1-1-4 口罩生产线

图 1-1-5 所示为某化工厂的污水处理自控系统的监控室。该生产线引入工业网络技术，通过采用先进的计算机技术、电气控制技术、信息化技术、工业联网技术及人机界面技术，集成工厂自动化设备，对污水处理全过程实施控制、调度、监控。同时，工控机、变频器、人机界面、触摸屏及工业通信等技术在该生产线上得到了充分应用。

图 1-1-5 某化工厂的污水处理自控系统的监控室

任务 1.2 认识典型自动化生产线

图 1-2-1 所示为典型模块化柔性自动化生产实训系统，综合了实际工业生产中大量应用的复杂控制过程的教学培训装置，根据现代生产物流系统发展趋势而专门设计，它以培养学生的专业知识应用能力、综合实践能力、创新能力为主要目标。该典型自动化生产线由供料单元、检测单元、加工单元、搬运单元、分拣输送单元、提取安装单元、操作手单元和分类存储单元 8 个不同的模块单元组成。此设备融合了自动化生产线的各种技术，能够有效地培养学习者有关自动化生产线的工作能力。

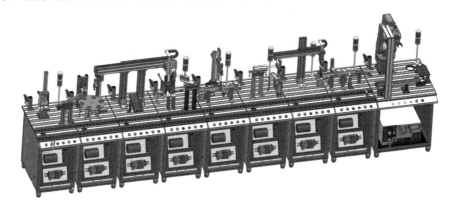

图 1-2-1 典型模块化柔性自动化生产实训系统

任务 1.3 了解典型自动化生产线的工作运行方式

本书所用的实验装置由 8 个工作单元组成，整条线模拟典型生产线的生产流程。每个单元设备都是一个独立的 PLC 控制系统，具备相应工作站的功能，这 8 个工作单元可以通过工业联网通信技术实现整机运行。因此，生产线中的设备单元既可以作为单独的设备进行单机控制功能实验，又可以进行两台、多台及整机控制功能实验。

当设备单元作为单机系统运行时，其控制功能的运行和调试通过操作面板上的按钮信号来控制其动作功能，各个模块之间的动作设置通过在自身的 PLC 上进行编程实现相应的动作功能。将在项目 6 中详细介绍设备单元单机系统运行和功能调试。

在自动化生产线中可以采用工业网络通信进行联机通信，实现联机功能。各个设备单元之间相互协调工作，完成送料、搬运、加工、分类、检测、存储等整个流程。将在项目 6 中详细介绍自动化生产线的联机系统运行与调试。

当自动化生产线需要对设备进行远程控制和实时监控时，需要用到触摸屏和相应的组态软件等人机界面技术。通过在触摸屏上对相应的监控画面进行设置，实现其与 PLC 等设备间的通信，对自动化生产线设备进行实时监控和远程控制。将在项目 4 中详细介绍自动化生产线人机界面的相关技术。

随着工业飞速发展，数字化仿真调试技术得到了广泛应用。为了缩短生产线的制造周期并降低成本，MCD（Mechatronics Concept Design，机电产品概念设计）技术被应用于自动化生产线中，本书以自动化生产线实验设备的数字孪生仿真平台为基础，介绍 MCD 技术在自动化生产线中的应用。将在项目 5 中简要介绍自动化生产线数字孪生仿真与调试技术。

💻 思考与练习

理论题

1. 自动化生产线技术具有_____、_____及_____的运行特点。
2. 简述自动化生产线的作用和产生背景。
3. 简述自动化生产线的应用场合。
4. 典型自动化生产线由哪些工作单元组成？
5. 简述典型自动化生产线的系统运行方式。

操作题

1. 绘制实训室自动化生产线设备布置图并制作不同设备的简介。
① 请用 CAD 或其他绘图软件绘图；
② 为各种不同的设备制作简介。
2. 写出自动化生产线设备的组成单元，说明自动化生产线的总体功能及各个组成单元的功能。

考核评分

评分项目	考核标准	权重	得分
理论题	正确了解自动化生产线的概念、作用、应用场合；了解典型自动化生产线的工作单元组成及系统运行方式	50%	
操作题	熟悉实验室设备，知道实验室设备的情况及其放置情况，初步了解各设备的功能	50%	
总分		100%	

项目 2

自动化生产线核心技术应用

任务 2.1　可编程逻辑控制器技术应用

任务描述

通过学习 PLC 的基本知识，掌握自动化生产线的控制系统的电气连接原理，知道自动控制系统的组成及控制原理，完成 PLC 与计算机的通信连接设置。自动化生产线的控制核心是控制器，本实验设备的控制器是西门子 S7-1500 PLC，对 PLC 基本指令的学习是实现自动化生产线控制功能的基础。本任务通过一个案例展示小型自动化生产线的控制系统的设计与调试过程。

教学目标

知识目标	技能目标	素养目标
（1）了解各种可编程逻辑控制器； （2）掌握 S7-1500 PLC 系统的设计过程； （3）掌握 PLC 与计算机的通信连接设置方法，以及编程软件的安装与使用方法	（1）会选用可编程逻辑控制器； （2）会设计西门子 S7-1500 PLC 系统； （3）能够从事 PLC 应用的相关工作，具备运动控制职业技能证书的相关考证能力	（1）培养学生查阅手册、自主学习的能力；使学生养成自我学习、终身学习的行为习惯； （2）培养学生良好的工作习惯、劳动意识； （3）培养学生的沟通交流能力及团队合作意识

2.1.1　可编程逻辑控制器的认知

可编程逻辑控制器（Programmable Logic Controller，PLC）是专门为工业环境下的应用而设计的控制器，是一种数字运算操作系统。PLC 是在电气控制技术和计算机技术的基础上开发出来，并逐渐发展成为以微处理器为核心，将自动化技术、计算机技术及通信技术融为一体的新型工业控制装置。西门子 PLC 是自动化控制领域的主流产品,西门子公司提供了满足多种自动化需求的各种 PLC 产品。图 2-1-1 所示为 SIMATIC PLC 系列产品。

在进行可编程逻辑控制器系统设计时,首先应确定控制方案,下一步的工作就是进行可编程逻辑控制器工程设计选型。工艺流程的特点和应用要求是设计选型的主要依据。可编程逻辑控制器及有关设备应是集成的、标准的,按照易于与工业控制系统形成一个整体、易于扩充其功能的原则选型,可编程逻辑控制器的系统硬件、软件配置及功能应与装置规模和控制要求相适应。熟悉可编程逻辑控制器、功能表图及有关的编程语言有利于缩短编程时间,因此,在进行工程设计选型和估算时,应详细分析工艺过程的特点、控制要求,明确控制任务和范围,确定所需的操作和动作,根据控制要求估算输入/输出点数、所需存储器容量,确定可编程逻辑控制器的功能、外部设备特性等,选择有较高性能价格比的可编程逻辑控制器并设计相应控制方案。西门子 S7-1500 PLC 由于处理速度快、容易跟其他工控设备相互通信,因此在现代自动化生产线上得到广泛应用,实验室的自动化生产线的 PLC 为西门子 S7-1500 PLC。

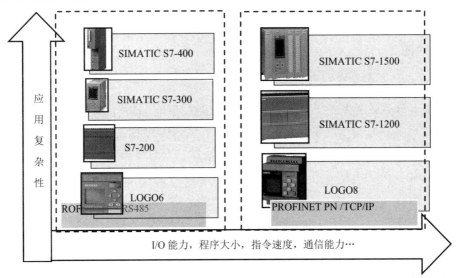

图 2-1-1　SIMATIC PLC 系列产品

2.1.2　PLC 控制系统的组成

可编程逻辑控制器由微处理器(CPU)、存储器(ROM,RAM)、输入/输出(I/O)单元、编程器和电源组成,如图 2-1-2 所示。CPU 是控制核心,相当于人的大脑,处理各种输入/输出信号,存储器是用来存储文件的。CPU 具备输入/输出功能,相当于人的五官,可以感知外部信息并通过"大脑"处理后输出信息,控制执行机构。编程器用于编辑用户程序,进行调试、检查和监视,还可通过键盘调用和显示 PLC 的一些内部状态和系统参数。电源用于为 PLC 提供能源。

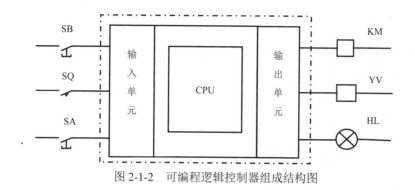

图 2-1-2 可编程逻辑控制器组成结构图

2.1.3 S7-1500 PLC 控制系统的开发方法

西门子 S7-1500 PLC 的编程软件为博途软件 V16。TIA 博途是全集成自动化软件 TIA Portal 的简称,是西门子工业自动化集团发布的一款全新的全集成自动化软件。它是业内首个采用统一的工程组态和软件项目环境的自动化软件,几乎适用于所有自动化任务。借助该全新的工程技术软件平台,用户能够快速、直观地开发和调试自动化系统。以下介绍用 TIA 博途软件开发 S7-1500 PLC 的过程。

本小节所用的主要软硬件配置如下。

- 1 套 TIA V16 软件。
- 1 台 PLC 控制器,型号为 CPU 1512C-1 PN,订货号为 6ES7 512-1CK01-0AB0。
- 1 台触摸屏,型号为 KTP900 Basic,订货号为 6AV2 123-2JB03-0AX0。

1. 设备组态

打开 TIA 博途软件,进入启动画面,创建一个新工程。创建新工程后会弹出 TIA Portal 视图,可以组态 PLC、HMI 画面、驱动(变频器)等,单击组态设备可进入设备组态画面。一般在项目视图下编辑工程项目,在左下角可以打开项目视图,添加一个控制器,选择 CPU 1512C-1PN DC/DC/DC;添加一个 HMI 设备,选择 TP900 Basic。

① 创建新项目。如图 2-1-3 所示,首先单击"创建新项目"(注意:路径是项目存储的位置;作者是用户名),然后单击"创建"按钮。

图 2-1-3 创建新项目

② 单击"项目视图"进入博途编程界面，如图 2-1-4 所示。

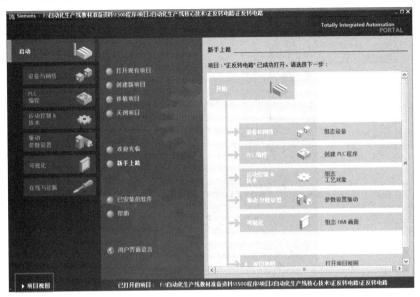

图 2-1-4　博途编程界面

③ 添加 PLC。依次单击"添加新设备"→"控制器"→"CPU"→"CPU 1512C-1 PN"→"6ES7 512-1CK01-0AB0"→"确定"，如图 2-1-5 所示。

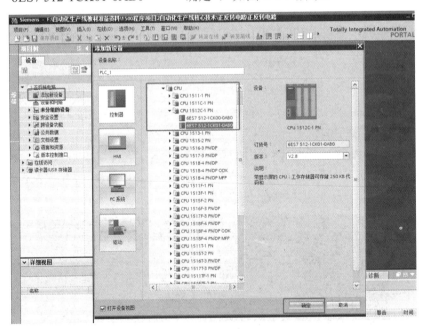

图 2-1-5　添加 PLC

④ 设置设备网络组态。在"设备和网络"视图中选中整个 PLC（或者选中 PLC 的网口），在下方的属性窗口添加新子网、填写 IP 地址、填写 PROFINET 设备名称，如

图 2-1-6 所示。

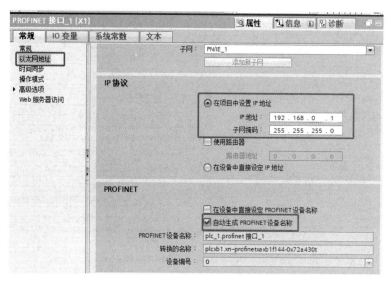

图 2-1-6   添加新子网、填写 IP 地址、填写 PROFINET 设备名称

⑤ 设置 CPU 属性组态。在设备视图中选中 PLC，选择"系统和时钟存储器"，选择"属性"，将"系统存储器字节的地址"设置为 1，将"时钟存储器字节的地址"设置为"0"，表示将"MB1"设置为系统存储器，将"MB0"设置为时钟存储器。系统和时钟存储器如图 2-1-7 所示。

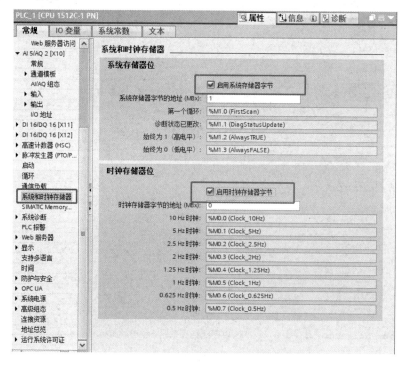

图 2-1-7   系统和时钟存储器

⑥ I/O 组态。在设备视图选中 PLC 的各个模块，在下方属性窗口的"输入""输出""I/O 地址"中分别设置通道类型和地址。PLC 数字量的 I/O 地址设置如图 2-1-8 所示。

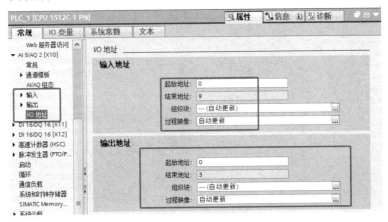

图 2-1-8　PLC 数字量的 I/O 地址设置

⑦ 创建 HMI 设备。依次单击"添加新设备"→"HMI"→"SIMATIC 精简系列面板"→"9"显示屏"→"KTP900 Basic"→"6AV2 123-2JB03-0AX0"，版本选择"16.0.0.0"，单击"确定"按钮，根据向导完成 KTP900 Basic 触摸屏的添加，如图 2-1-9 所示。

图 2-1-9　添加 KTP900 Basic 触摸屏

⑧ 设备组态。在设备视图选中整个触摸屏或网口,在下方的属性窗口中添加新子网、填写 IP 地址、填写 PROFINET 设备名称,如图 2-1-10 所示。

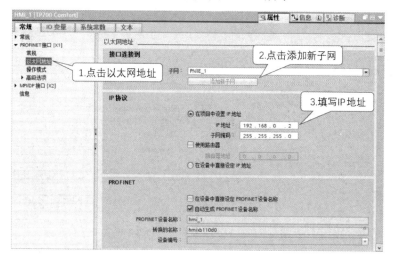

图 2-1-10　添加新子网、填写 IP 地址、填写 PROFINET 设备名称

⑨ 连接 PLC 和 HMI 设备。双击窗口中的"设备和网络",将 PLC 与 HMI 的网络端口连接,完成 PLC 与 HMI 的组态,如图 2-1-11 所示。

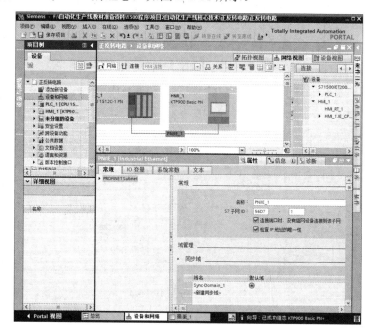

图 2-1-11　PLC 与 HMI 的组态

2. 分配 IP 地址和设备名称

① 检查 IP 设置,打开本机网卡的 IPv4 设置,如图 2-1-12 所示。

图 2-1-12　打开本机网卡的 IPv4 设置

注意：每一台计算机的网卡设备都是不一样的，需要寻找属于自己的网卡地址。右击"此电脑"，单击"管理"，单击"设备管理器"，单击"网络适配器"，默认第一个就是你的网卡。

② 在项目树下找到"在线访问"，选中本机网卡，单击"更新可访问的设备"。下面以 S7-1500C PLC 为例，在某设备中，S7-1500 PLC 的 MAC 地址为"E0-DC-A0-F0-26-92"，在查找到的设备中找到该 MAC 地址对应的设备，打开功能选项，为设备分配 IP 地址，如图 2-1-13 所示，分配设备名称如图 2-1-14 所示。

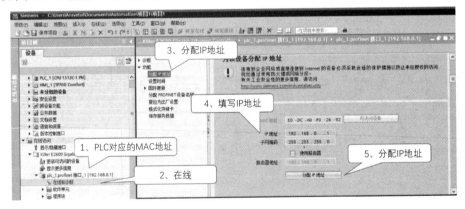

图 2-1-13　分配 IP 地址

3. 程序设计与调试

1）建立 I/O 变量表

在 TIA 博途软件下，在 PLC 变量处单击添加变量表，就可以分组建立 I/O 变量表，这样可以方便地对变量进行管理。TIA 博途软件可以建立中文变量符号，还可以进行中文寻址。在"PLC 变量"中"添加新变量表"，名称为"正反转"，输入启保停的相关变量，新建变量，如图 2-1-15 所示。

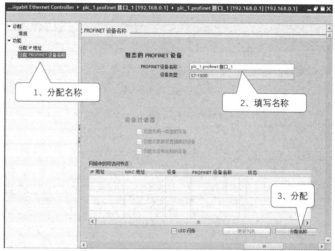

图 2-1-14　分配设备名称

图 2-1-15　新建变量

2）程序设计

（1）编写 FC 函数。

在控制程序中，一些不同的控制功能可以写在不同的 FC 函数中（也可以写在 FB 函数块中，FB 函数块要调用背景数据），实现程序的模块化，模块化编程方便调试和对程序进行管理。在调试时，可以分别调用不同的功能单独进行调试，也可以同时调用几个功能进行联调。添加一个 FC 函数，命名为电机控制，编写一段"启保停"程序。FC 函数控制程序如图 2-1-16 所示。

（2）编写 FB 函数块。

在系统控制中，有许多相同的阀门或电机，其控制方法是一样的，这样就可以只编写一个 FB 函数块，通过不同的背景数据来实现对不同对象的控制。例如，编写控制电机的 FB 函数块，定义好程序的接口数据，在写程序时使用接口数据编程，实现对不同电机的相同功能的控制。在调用电机的 FB 函数块时，要建立背景数据，可以单独为每个电机创建一个背景数据块，也可以使用多重背景数据块。使用多重背景数据块需要在另一个 FB 函数块里调用各个电机的函数块，这样可以在同一个背景数据块里为每个电

机分配背景数据，而不必建立过多的背景数据块，方便对数据块进行管理。FB 函数块的
接口和程序如图 2-1-17 所示。

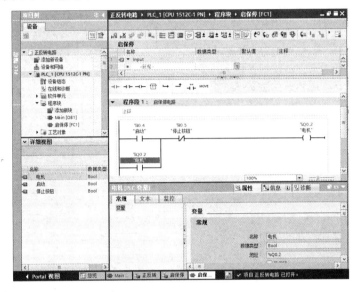

图 2-1-16　FC 函数控制程序

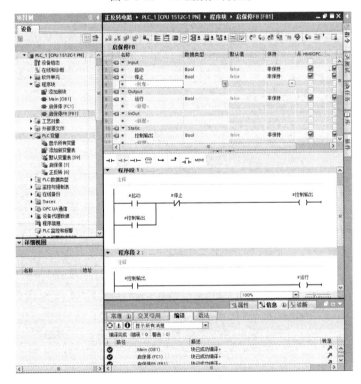

图 2-1-17　FB 函数块的接口和程序

（3）编写 OB1 主函数。

CPU 会自动调用组织块，用户只需要编写好程序就可以执行了，如在 CPU 循环调

用的主函数 OB1 里编写一些控制程序，以及调用 FB 函数块、FC 函数等；也可以在定时循环中断主函数（如 OB32）里定时调用程序。在 OB1 中调用已经编写好的 FC 函数和 FB 函数块，在调用 FB 函数块时需要分配背景数据块，填入变量。在 OB1 中调用 FC 函数和 FB 函数块如图 2-1-18 所示。

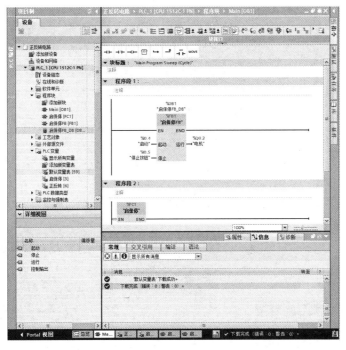

图 2-1-18　在 OB1 中调用 FC 函数和 FB 函数块

（4）PLC 下载与监控。

① 实体设备下载。选中需要下载的 PLC 程序，单击 PLC 下载按钮调出下载窗口，选中正确的网卡和接口，搜索并选中 CPU 的操作内容，一般选择"一致性下载"。图 2-1-19 所示为 PLC 下载窗口，图 2-1-20 所示为 PLC 下载预览窗口。

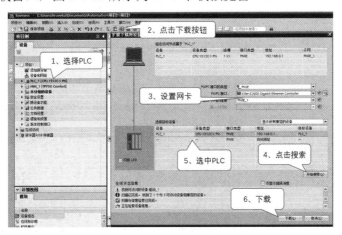

图 2-1-19　PLC 下载窗口

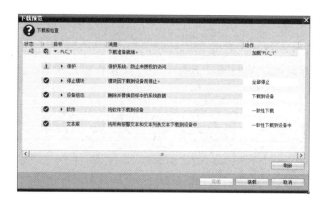

图 2-1-20　PLC 下载预览窗口

②　PLCSIM 仿真虚拟调试。打开虚拟 PLC，选中需要仿真的 PLC，单击菜单栏中的仿真按钮 ，打开虚拟 PLC，如图 2-1-21 所示，单击下载按钮 ，首次打开仿真时，系统会自动弹出下载窗口，单击"开始搜索"按钮查找 PLC，选中 PLC 并下载，如图 2-1-22 所示。在弹出的下载窗口中选择"一致性下载"，并在确定后选择"启动模块"，启动仿真调试。

图 2-1-21　虚拟 PLC

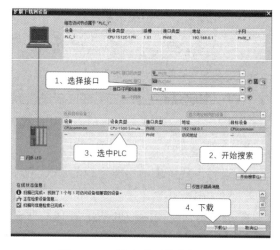

图 2-1-22　搜索并下载虚拟 PLC

运行的虚拟 PLC 只有一个精简画面，需要新建一个仿真项目才好仿真 I/O 变量。单击图 2-1-23 中的切换视图按钮 ，切换到项目视图并新建一个仿真项目。

图 2-1-23　新建仿真项目

打开 "SIM 表格" 菜单，新建一个 "SIM 表格"，单击加载项目标签按钮 ⚙，导入项目中的变量标签。在需要仿真的输入变量处打钩 "√"，可以看到相应的输出变量的运行结果，需要注意的是输出变量只能通过程序运算输出结果。SIM 表格如图 2-1-24 所示。

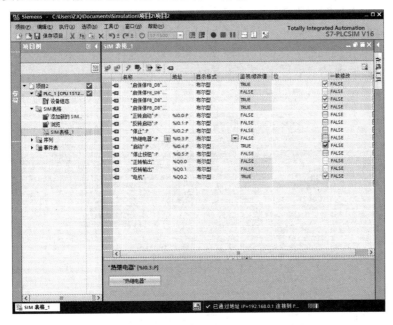

图 2-1-24　SIM 表格

打开电机控制块 FC1，单击监视按钮 👓 在线监视运行的程序，可以看到在仿真标签表里打钩 "√" 的 "10.0" 中已有信号输入，运行结果同样反馈到了标签表中。监视程序运行如图 2-1-25 所示。

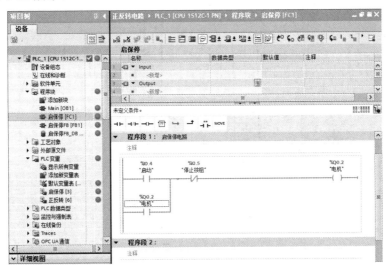

图 2-1-25　监视程序运行

2.1.4 S7-1500 PLC 控制系统的设计案例

在生产线中，往往根据生产工艺要求实现各种动作，如机床工作台的前进和后退、机械手的翻转、主轴的正转和反转等。下面以实现电机控制自动化生产线实验台上滚珠丝杆结构的左行和右行为例，系统讲述小型 PLC 系统的设计过程，滚珠丝杆结构图如图 2-1-26 所示。电机控制滚珠丝杆结构左行和右行，其运行信号由传感器给出，其本质就像电气控制系统中控制电机正反转的原理一样，电机正反转电气原理图如图 2-1-27 所示，通过对正反转电路的 PLC 控制系统进行设计实现对电机左行和右行的控制。

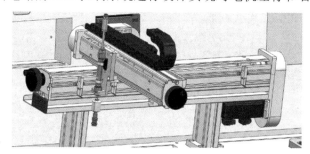

图 2-1-26 滚珠丝杆结构图

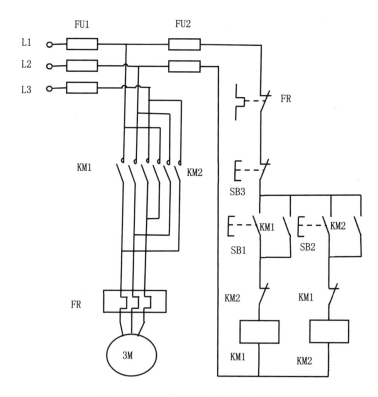

图 2-1-27 电机正反转电气原理图

如图 2-1-27 所示，要对电机的正反转电气控制线路进行 PLC 改造，PLC 控制系统还需要对两个交流接触器 KM1、KM2 分别控制主电路回路的通断，同时热继电器 FR 对电机的过载保护不变，因此主电路保持不变，电机正反转电路的 PLC 改造主要是对两个交流接触器 KM1、KM2 及热继电器 FR 的工作状态的控制，即控制线路设计。需要注意的是，因为 PLC 供电电源为 24V 直流电，所以交流接触器 KM1、KM2 线圈的供电也应选用 24V 直流电的交流接触器，从而与 PLC 的输出电路电气接口匹配。

PLC 控制系统设计流程，主要是指进行控制任务分析，初步确定输入/输出（I/O）的点数后对 PLC 进行选型，给 I/O 口分配地址，画出 PLC 控制系统 I/O 接线图；在进行 PLC 控制系统软件设计之前，首先根据控制任务及要求，分析设计控制系统的工艺流程，其次根据流程图进行编程实现及程序调试，在这个过程中，也可以根据调试情况调整具体的控制功能实现方式，最后完成控制功能的实现。现以正反转电路 PLC 设计为例，演示小型 PLC 控制系统的设计过程。

1. 设置 I/O 地址分配表

由图 2-1-28 可知，正反转 PLC 控制系统中要有 3 个主令信号，分别实现正转启动、反转启动和停止控制，同时要检测热继电器 FR 的信号，保证系统安全运行。因此，此系统中需要有 4 个输入（I）信号和 2 个输出（O）信号。此外，考虑到价值和使用维护的需要，为调试方便，选用 S7-1512C-1 PN（实验室 PLC 型号）型号的 PLC。电机正反转 PLC 控制线路设计的 I/O 地址分配表如表 2-1-1 所示。

表 2-1-1　电机正反转 PLC 控制线路设计的 I/O 地址分配表

序号	符号	名称	I/O 地址	功能描述
1	SB1	正转启动按钮	I0.0	正转启动
2	SB2	反转启动按钮	I0.1	反转启动
3	SB3	停止按钮	I0.2	停止控制
4	FR	热继电器	I0.3	过载保护
5	KM1	正转交流接触器	Q0.0	正转控制
6	KM2	反转交流接触器	Q0.1	反转控制

2. 设计接线图

根据表 2-1-1 所示的 I/O 地址分配表及控制线路的要求画出 I/O 接线图，图 2-1-28 所示为电机正反转 PLC 控制系统的 I/O 接线图。

3. 设计工艺流程图

接着根据控制系统的功能要求，设计 PLC 控制系统的工艺流程图。正反转 PLC 控制系统的工艺流程图如图 2-1-29 所示。工艺流程图的具体绘制方法会在后面的章节详细说明。

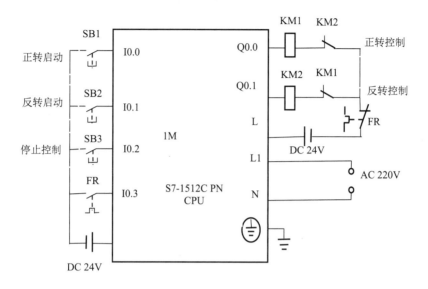

图 2-1-28　电机正反转 PLC 控制系统的 I/O 接线图

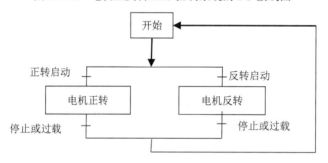

图 2-1-29　正反转 PLC 控制系统的工艺流程图

4．程序设计与调试

1）编写程序

新建 PLC 变量表，命名为"正反转"，如图 2-1-30 所示。正反转电路梯形图如图 2-1-31 所示。新建函数块"正反转[FC2]"，并编写程序，把"正反转[FC2]"拉入 Main[OB1]执行，如图 2-1-32 所示。

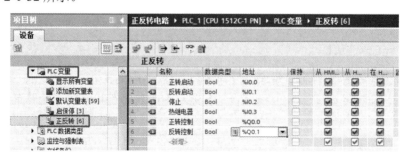

图 2-1-30　正反转电路变量表

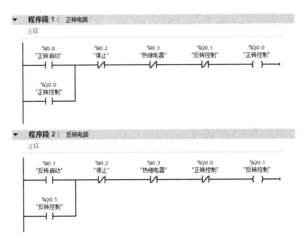

图 2-1-31　正反转电路梯形图

图 2-1-32　把"正反转[FC2]"拉入 Main[OB1]执行

2）仿真调试

按照上一节的方法将 PLC 下载到仿真器中，并打开仿真器变量监视界面，新建仿真项目，导入变量表，先将"正转启动"变量打钩后再去掉，对正反转电路进行监视，正反转电路仿真运行效果如图 2-1-33 所示。要使反转输出得电，应先停止置 1 后复位，再按下反转启动按钮。

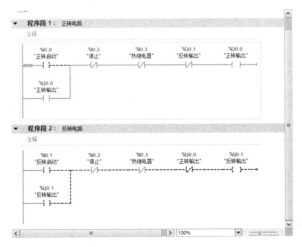

图 2-1-33　正反转电路仿真运行效果

3）HMI 设计正反转电路效果测试

① 添加 HMI 内部变量。如图 2-1-34 所示，打开 HMI 画面，在左侧 "HMI 变量" 下 "添加新变量表"，命名为 "正反转"，添加如图 2-1-34 所示的正反转变量表，在 PLC 变量列关联相关变量，采集周期可以修改为 500ms。

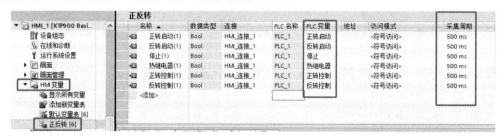

图 2-1-34　正反转变量表

② 在右侧工具箱 "元素" 里将按钮控件 "▭" 拖入画面，修改文本为 "正转启动"，选中该按钮，依次单击 "属性" → "事件" → "按下" → "编辑位"，选择 "置位位"，关联 PLC 变量 "正转启动"，依次单击 "释放" → "编辑位"，选择 "复位位"，关联 PLC 变量 "正转启动"，正转启动按钮功能设置完成，可采用相同的方法设置其他按钮功能。按钮功能的设置如图 2-1-35 所示。

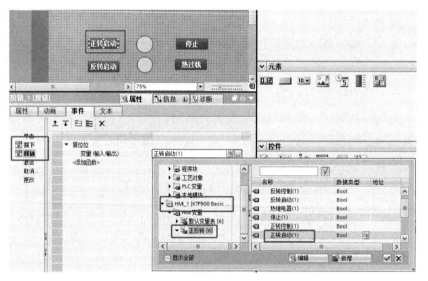

图 2-1-35　按钮功能的设置

③ 在右侧基本元素中选择圆形 "●" 并拖入画面，在下面的窗口中依次单击 "动画" → "显示" → "添加新动画" → "外观" → "变量"，关联 PLC 变量 "正转控制(1)"。在下面的背景色中，0 对应灰色，表示失电；1 对应绿色，表示得电。圆形的模拟电机的运行设置如图 2-1-36 所示。

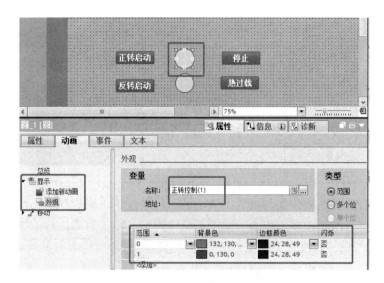

图 2-1-36　圆形的模拟电机的运行设置

④ 仿真效果测试。圆形的模拟电机的运行效果如图 2-1-37 所示。

图 2-1-37　圆形的模拟电机的运行效果

4）实体测试

因为实验室的沃图设备的实际 I/O 口已经安装好并固定分配好相应的 I/O 地址，所以要根据设置好的 I/O 地址进行编程。在测试之前，可以找出控制面板的按钮和开关所接的 PLC 输入端口（I 口）的地址，具体方法如下。

（1）按下按钮，观察 PLC 控制器的输入端口的信号显示灯从亮到灭变化的现象，有此现象的按钮是常开按钮，记录下此时变化的输入端口的地址。

（2）按下按钮，观察 PLC 控制器的输入端口的信号显示灯从灭到亮变化的现象，有此现象的按钮是常闭按钮。

（3）旋转开关，观察 PLC 控制器的输入端口的信号显示灯的变化情况，记录下显示灯有变化的 PLC 输入端口的地址，记录"1"，也就是亮灯的方向（如单机），记录"0"，也就是灭灯的方向（如联机）。通过此方法找出单元设备的控制面板的部分按钮地址，其中，Q0.0 为控制绿灯，Q0.1 为控制红灯。不同机器的地址分配不同，应找出所在设备的实际地址。实验室单元设备相关 I/O 地址分配表如表 2-1-2 所示。

表 2-1-2　实验室单元设备相关 I/O 地址分配表

序号	符号	名称	I/O 地址	功能替代测试
1	SB1	启动按钮	I0.0	正转启动
2	SB2	复位按钮	I0.1	反转启动
3	SB3	急停按钮	I0.2	停止控制
4	SA	单机_联机	I0.3	过载保护
5	HL1	绿灯	Q0.0	正转控制
6	HL2	红灯	Q0.1	反转控制

　　根据实际的 I/O 地址分配与电气接线，按下启动按钮，绿灯亮，相当于实现正转控制；按下复位按钮，红灯亮，相当于实现了反转控制；按下急停按钮，灯不亮了，说明电机停止运行。单机_联机开关模拟热继电器功能，在正常情况下处于单机（"1"）状态；若由过热导致断开，则相当于联机（"0"）状态，灯灭（电机停止运行）。

思考与练习

实训 2-1　正反转电路设计与调试

工作任务	正反转电路的仿真与实体调试		学习心得
注意事项	① 本实训台为 380V 交流供电； ② 不能带电操作，在通电的情况下，不能进行接线、维护及触摸交流设备等操作		
学习目标	① 能够正确进行 PLC 组态，会进行 PLC 电路的编程； ② 能够进行正反转控制的仿真调试； ③ 能够用人面界面模拟正反转控制运行效果； ④ 能够进行正反转电路功能实体调试		
器材检查	① 1 套 TIA V16 软件； ② 1 台 PLC 控制器，型号为 CPU 1512C-1 PN，订货号为 6ES7 512-1CK01-0AB0； ③ 1 台触摸屏，型号为 KTP900 Basic，订货号为 6AV2 123-2JB03-0AX0； ④ 所需的元器件、连接导线及工具；数字万用表一块；气源		
任务要求	① 完成正反转电路控制功能的仿真调试； ② 完成正反转电路控制功能的 HMI 触摸屏控制效果演示； ③ 完成正反转电路控制功能的实体设备调试		
总结	请自行总结功能完成情况、功能改进及程序优化等		
评分	考核标准	权重	得分
	完成正反转电路控制功能的仿真调试	40%	
	完成正反转电路控制功能的 HMI 触摸屏控制效果演示	20%	
	完成正反转电路控制功能的实体设备调试	20%	
	在学习过程中态度认真、独立思考，具有良好的沟通能力	10%	
	能够规范操作	10%	
	总分	100%	

任务 2.2　气动控制技术的应用

任务描述

气动控制技术利用压缩空气作为传递动力，由气动元件与 PLC 控制器等构成控制回路，使气动元件按生产工艺要求的工作状况，自动按设定的顺序或条件进行动作控制，是一种自动化技术。PLC 的输出端口电路的作用是将 CPU 向外输出的信号转换成可以驱动外部执行元件的信号，以便控制接触器线圈、电磁阀等电器的通/断。具体任务如下。

（1）绘制所选设备的气动控制系统。

（2）找出自动化生产线中设备单元的 PLC 输出控制功能及相应地址。

教学目标

知识目标	技能目标	素养目标
（1）掌握气动控制系统的知识； （2）掌握 PLC 的输出端口电路的知识	（1）能绘制设备的气动控制系统原理图； （2）能找出 PLC 的输出端口控制功能及其连接输出端口的地址	（1）培养学生从事机电行业的职业能力，使其具备工程师的职业素养； （2）培养学生的劳动意识、安全意识和良好的工作习惯

2.2.1　气动控制系统的认知

气动控制技术利用压缩空气作为传递动力。将气泵、压力控制阀、流量控制阀、方向控制阀、逻辑元件（控制器）、传感元件和气动辅件连接起来即可组成"气动控制系统"。图 2-2-1 所示为一个简单的气动控制系统构成图。气动控制系统以压缩空气为工作介质，在控制元件的控制和辅助元件的配合下，通过执行元件把空气的压缩能转换为机械能，从而完成气缸直线运动或回转运动，并对外做功。在生产中，首先，压缩空气容易获得，其次，压缩空气干净、无污染、安全，加上气动控制的功能和设计相对简单，因此，许多生产线都采用气动控制系统。

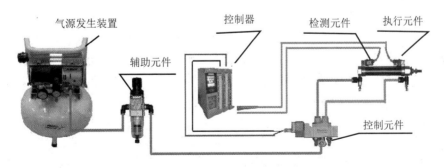

图 2-2-1　一个简单的气动控制系统构成图

一个完整的气动控制系统基本由气源发生装置、控制元件、执行元件、辅助元件、检测元件及控制器 6 部分组成，如图 2-2-2 所示，各部分的功能如下。

（1）气源发生装置主要为气动控制系统提供清洁、干燥的压缩空气。

（2）控制器是气动控制系统的核心装置，控制器对输入端口接到的信息进行逻辑处理并输出到输出端口，以驱动执行元件，控制器是控制自动化生产线生产流程和节奏的部件。

（3）控制元件是将控制器的输出电信号转变为气流的通断、流动方向、速度控制等，从而控制气缸动作的一种器件，根据功能可以将其分为流量控制阀、方向控制阀和压力控制阀。

（4）执行元件是将气体的压力能转化为气缸动作的机械能的一种装置，包括实现直线往复运动的气缸和实现连续回转运动或摆动的气动马达或摆动气缸。

（5）检测元件是收集外部信息（如气缸位置信息、工件有无信息、工件颜色和材质信息等）的装置。检测元件一般是各类传感器。

（6）辅助元件是指能够辅助气动控制系统正常工作的部件，包括气压三联件、气管等。

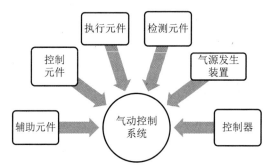

图 2-2-2　气动控制系统的基本构成

静音气泵为压缩空气发生装置，空气压缩机实物图如图 2-2-3 所示。气泵是用来产生具有足够压力和流量的压缩空气，并将空气净化、处理及存储的一套装置。气泵的输出压力可以通过减压阀调节。

注意：罐体的压力已经调节好，一般不需要自行调节。一般在调试机器前先打开空气压缩机的电源开关，等空气压缩机停止运行（压缩机安静下来）后，再观察罐体压力指示表的压力值，如果大于 0 并在合理范围内，说明气泵已经上满气，即可打开气源开关。如果发现气泵储存的压缩气体偏少，说明空气压缩机工作时间过长，没有进行污水处理，可以通过气泵底部的气体排污阀把污水排放掉。

1. 气动执行元件的认知及应用

气动执行元件是指将气体能转换成机械能，以实现直线往复运动或连续回转运动的执行元件。实现直线往复运动的元件称为气缸；实现连续回转运动的元件称为气动马达。

图 2-2-4 所示为气动执行元件的知识结构图。图 2-2-5 所示为几种常用气动执行元件实物图。

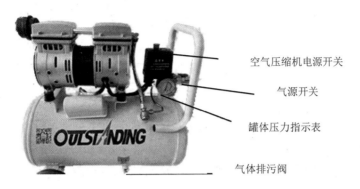

空气压缩机电源开关

气源开关

罐体压力指示表

气体排污阀

图 2-2-3　空气压缩机实物图

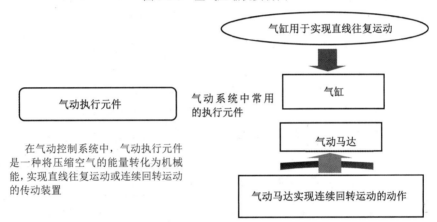

气缸用于实现直线往复运动

气动系统中常用的执行元件

气缸

气动马达

气动马达实现连续回转运动的动作

气动执行元件

在气动控制系统中，气动执行元件是一种将压缩空气的能量转化为机械能，实现直线往复运动或连续回转运动的传动装置

图 2-2-4　气动执行元件的知识结构图

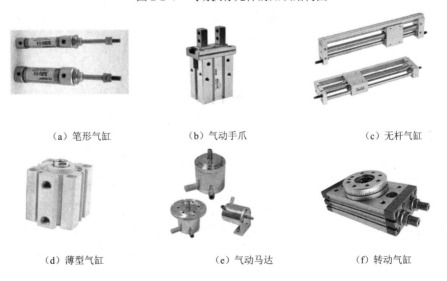

（a）笔形气缸　　　　　　　（b）气动手爪　　　　　　　（c）无杆气缸

（d）薄型气缸　　　　　　　（e）气动马达　　　　　　　（f）转动气缸

图 2-2-5　几种常用气动执行元件实物图

气缸作为气动控制系统的执行元件，根据不同的使用要求被广泛应用于自动化生产线中。对于不同的使用要求和场合，需要选用不同的气缸配合动作，表 2-2-1 所示为自动化生产线中常用的气缸的结构特点和应用场合。

表 2-2-1　自动化生产线中常用的气缸的结构特点和应用场合

类型	应用特点
单作用气缸	单作用气缸是指一个活塞里有一个活塞杆的机构，当压缩空气从无杆腔里进入时，推动活塞杆向前动作，实现活塞杆伸出；当没有压缩空气进入时，活塞杆在弹簧的作用下自动复位，实现活塞杆缩回动作。单作用气缸一般用于行程短、对输出力和运动速度要求不高的场合
双作用气缸	通过双腔的交替进气和排气驱动活塞杆伸出与缩回，气缸实现往复直线运动，活塞前进或后退都能输出力（推力或拉力）；活塞行程可以根据需要选定，双向作用的力和速度可根据需要对安装在气缸上的调速阀进行调节
摆动气缸	摆动气缸是出力轴被限制在某个角度内进行往复摆动的一种气缸，利用压缩空气驱动输出轴在一定角度范围内进行往复回转运动，其摆动角度可在一定范围内调节，常用的固定角度有 90°、180°、270°，用于物体的转位、翻转、分类、夹紧，以及阀门的开闭和机器人手臂动作等
无杆气缸	节省空间，行程缸径比为 50～200，定位精度高，活塞两侧受压面积相等，具有同样的推力，有利于提高定位精度，使机构实现长行程运动成为可能；结构简单、占用空间小，适合小缸径、长行程的场合，但当限位器使负载停止时，活塞与移动体有脱开的可能，因此要注意调节其速度
气动手爪	气动手爪是机械手的主要部件，实现抓取工件的功能。气动手爪的开闭一般通过由气缸活塞产生的往复直线运动带动与手爪相连的曲柄连杆、滚轮或齿轮等机构，驱动各个手爪同步进行开闭运动
气动马达	气动马达是一种能够连续进行旋转运动的气动执行元件，相当于电机。气动马达可用于启动频繁、需要经常换向的场合，可以实现无级调速。气动马达经常被用于不方便使用电机的场合，如气动风钻、风扳手等。气动马达在自动化生产线中经常用来实现小距离回转运动

注意：当单作用气缸所连接的 PLC 电气接口信号置"1"时，气缸动作；当信号置"0"时，气缸能够自动复位。对双作用气缸连接的 PLC 电气接口的两个信号的控制必须形成互锁。连接两个 PLC 输出端口的两个信号应设置成一个为"1"，另一个为"0"，避免两个信号同时为"1"，以免烧坏电磁阀，避免控制功能无法实现。

2．气动控制元件的认知及应用

在气动控制系统中，气动控制元件是通过它们能改变工作介质的压力、流量或流动方向来实现执行元件所规定的运动的，如各种压力控制阀、流量控制阀、方向控制阀和各种气动逻辑元件。气动控制元件分类如图 2-2-6 所示。

1）压力控制阀

压力控制阀用来控制气动控制系统中压缩空气的压力，以满足各种压力需求，将压力调整到每台装置所需的范围，并使压力稳定保持在所需范围内。压力控制阀包括减压阀、安全阀和顺序阀。这里要注意的是压力控制阀上面一般有一个旋钮，可以通过旋转旋钮调节供给气源的压力，实验室设备的气压一般设定为 0.3～0.6MPa，控制在 1MPa 以下。

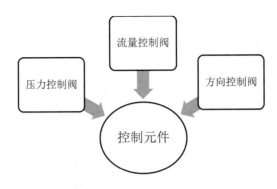

图 2-2-6 气动控制元件分类

压力控制阀在气动控制系统中有不同的作用和应用场合，表 2-2-2 所示为压力控制阀的应用特点。

表 2-2-2 压力控制阀的应用特点

类型	实物图片	应用特点
减压阀		可以对气体进行二次调压，通过调节其上的旋钮使得压力稳定在一定的范围内
安全阀		也称为溢流阀，当压缩空气的压力超过一定值时，安全阀通过排气的方式使得空气压力降低到需要的值，从而起到安全保护的作用，使得气动控制系统的其他元件不会因为气体压力过大而损坏
顺序阀		依靠气路中压力的作用来控制执行元件按顺序动作，顺序阀一般与单向阀配合使用，构成单向顺序阀
气压三联件		集减压阀、安全阀、顺序阀的功能于一体的装置

2）流量控制阀

流量控制阀在气动控制系统中通过改变阀的流通截面积来实现流量控制，以控制气缸运动速度、换向阀的切换时间和气动信号的传递速度。常用的流量控制阀包括调速阀、单向节流阀和带消声器的排气节流阀。这里需要注意：一般气缸两端都安装了流量控制阀，流量控制阀一般有一个旋钮，可以通过旋转旋钮调节供给气源的压力，从而实现速度控制，如果需要进行气缸运动速度控制，可以进行微调。

不同的流量控制阀有不同的应用场合，表 2-2-3 列出了 3 种不同的流量控制阀的应用特点。

表 2-2-3　流量控制阀的应用特点

类型	实物图片	应用特点
调速阀		旋转调速阀上的手动旋钮可以对流过的气体进行流量控制，控制气体流量的大小，实现对气缸运行速度的控制
单向节流阀		单向阀的功能是靠单向型密封圈来实现的。单向节流阀是由单向阀和节流阀并联而成的流量控制阀，常用于控制气缸的运动速度，故常称为速度控制阀
带消声器的排气节流阀		带消声器的排气节流阀通常安装在换向阀的排气口上，通过控制排入气体的流量来改变气缸运动速度。排气节流阀常带有消声器，可降低排气噪声 20dB 以上。一般用于换向阀与气缸之间不能安装调速阀的场合

3）方向控制阀

方向控制阀是气动控制系统中通过改变压缩空气的流动方向和气流通断，来控制执行元件启动/停止及运动方向的气动控制元件。方向控制阀常用的是电磁控制换向阀，简称电磁阀。电磁阀是气动控制中的主要元件，它的工作原理：利用电磁线圈通电时静铁芯会对动铁芯产生电磁吸引力，使得阀芯切换，从而改变气流方向。根据阀芯复位控制方式，电磁阀可以分为单电控和双电控两种。图 2-2-7 所示为电磁阀的外形图。

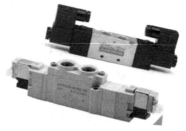

（a）单电控　　　　　　　　　　　　（b）双电控

图 2-2-7　电磁阀的外形图

电磁阀可以配合不同的电路来实现预期的控制，且控制的精度和灵活性都能够得到保证。电磁换向阀易于实现电-气联合控制，能够通过电信号的输出来控制气源的通断，从而实现对气缸的控制，实现远距离操作，在气动控制中被广泛使用。

注意：电磁阀两侧的电磁铁不能同时得电，否则会使电磁阀线圈烧坏。因此，在电气控制回路上，通常设有防止同时得电的联锁电路。

电磁阀是由电磁线圈和磁芯组成，包含一个或几个孔的阀体。当线圈通电或断电时，磁芯的运转将导致流体通过阀体或被切断，以达到改变流体方向的目的。电磁阀的电磁部件由固定铁芯、动铁芯、线圈等部件组成；阀体部分由滑阀芯、滑阀套、弹簧底座等组成。电磁线圈被直接安装在阀体上，阀体被封闭在密封管中，构成一个简洁、紧凑的组合。常用的电磁阀根据切换通道数目的不同可以分为二位三通、二位四通、二位五通等，部分电磁阀的图形符号如图 2-2-8 所示。这里先说说二位的含义：对于电磁阀来说，二位就是带电和失电，对于所控制的阀门来说，二位就是开和关。三位的含义在于多一个中间位，当电磁阀两边不得电时，这个中间位能够保持原来的状态。所以在一些需要保持中间位的长距离控制中，需要用到三位电磁阀，三位电磁阀常用于无杆气缸。

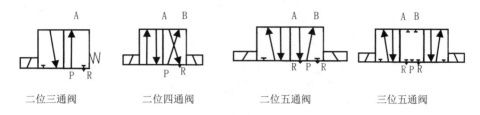

二位三通阀　　　　　二位四通阀　　　　　二位五通阀　　　　　三位五通阀

图 2-2-8　部分电磁阀的图形符号

在工程实际应用中，为了简化控制阀的控制线路和气路连接，优化控制系统结构，通常将多个电磁阀及相应的气控和电控信号接口、消声器和汇流板等集中在一起，组成控制阀的集合体来使用，此集合体称为电磁阀岛。图 2-2-9 所示为气动控制中常用的电磁阀岛的实物图。为了方便控制系统的功能调试，各电磁阀均带有具有手动换向和加锁功能的手控旋钮。

手控旋钮

消声器

电气接口

汇流板

电磁线圈

气管接头

图 2-2-9　气动控制中常用的电磁阀岛的实物图

注意：由于手控旋钮手动换向的次数越多，旋钮的橡胶越容易损坏，所以尽量不要手动进行电磁阀调节，而是通过用 PLC 控制器给出电信号来进行电磁阀的功能测试和调试。

2.2.2　气动控制回路的分析与绘制

根据电磁阀单电控和双电控的特点，现在对气动控制回路进行分析和绘制。在这之前，我们先来辨别电磁阀的种类。图 2-2-10 所示为不同形状的电磁阀。当然，我们也可以看到每个电磁阀的侧边都绘制有图形符号。单电控电磁阀一般用来控制单作用气缸，对其地址电信号置"1"时动作，对其地址电信号置"0"时能够自行回到复位状态。双电控电磁阀一般用于双作用气缸，当需要保持一个状态或满足长行程的气缸（如无杆气缸）控制需求时，需要用到三位五通双电控电磁阀。

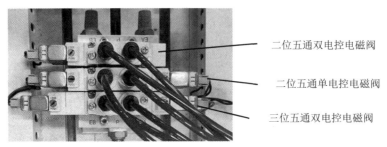

图 2-2-10　不同形状的电磁阀

要绘制气动控制系统，必须找出气动控制系统的电磁阀控制的气动执行元件。因为手动操作电磁阀的手动旋钮容易损坏电磁阀，所以实验室设备的每个工作单元都配备了单独的 PLC，可以通过 PLC 控制电信号，找出电磁阀所控制的执行元件，也就是各种气缸。根据任务 2.3 找到按钮的地址，PLC 输出端口地址控制的设备功能调试如图 2-2-11 所示。

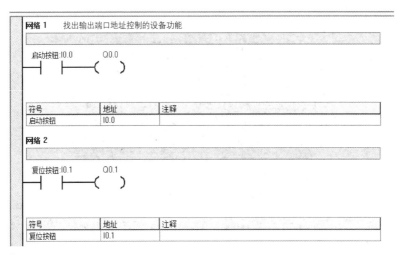

图 2-2-11　PLC 输出端口地址控制的设备功能调试

通过对输出端口地址逐一测试，可以找出单元设备所有 PLC 输出端口地址控制的设备功能种类，如图 2-2-12 所示。

图 2-2-12　PLC 输出端口地址控制的设备功能种类

经过测试，搬运单元的输出端口地址及对应的控制功能如表 2-2-4 所示。

表 2-2-4　搬运单元的输出端口地址及对应的控制功能

序号	地址	设备符号	设备名称	设备功能
1	Q0.0	HL1	红灯	红灯
2	Q0.1	HL2	绿灯	绿灯
3	Q0.2	1Y1	电磁阀	控制无杆气缸左移
4	Q0.3	1Y2	电磁阀	控制无杆气缸右移
5	Q0.4	2Y1	电磁阀	控制薄型活塞杆直线防转气缸上升
6	Q0.5	2Y2	电磁阀	控制薄型活塞杆直线防转气缸下降
7	Q0.6	3Y	电磁阀	气动手爪夹紧

　　找出设备单元电磁阀的控制功能后，就可以对设备单元的气动控制原理图进行绘制了。图 2-2-13 所示为搬运单元气动控制原理图。绘制原理图的软件可以用自己熟悉的画图软件，也可以用专门绘制流程图的软件，如 SMCDraw，使用它可以比较轻松地画出设备的气动控制原理图。

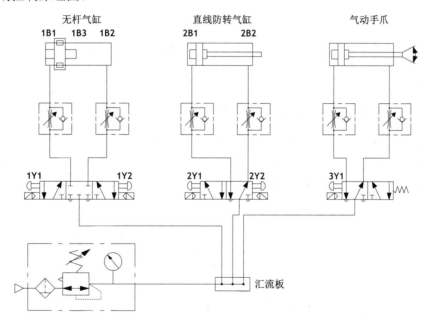

图 2-2-13　搬运单元气动控制原理图

2.2.3　气动控制回路的调试与检修

　　气动控制回路的调试与检修过程如下。

　　（1）压力的调节：打开气泵，接通气源，将气源处理装置的压力调节手柄向上提起，顺时针或逆时针慢慢转动压力调节手柄，观察压力表，待压力表指针指在 0.5MPa 左右时，压下压力调节手柄锁紧。

注意：切忌过度转动压力调节手柄，以防其损坏或压力突然升高。

（2）有无漏气检修：在接通气源前，先用手轻轻拉拔各快速接头处的气管，以确认各管路中不存在气管未插好的情况。检查气动控制回路的气密性，观察气动控制回路中是否存在漏气的情况，若出现漏气的情况，则根据响声找出漏气的位置及原因。

注意：若是由气管破损或气动元件损坏导致漏气的，则更换气管或气动元件；若是由没有插好气管导致漏气的，则重新插好气管。

（3）气缸速度与方向的调试：轻轻转动节流阀上的调节螺母，逐渐打开节流阀的开度，确保输出气流能使气缸的滑块平稳滑动，以气缸的滑块运行无冲击、无卡滞为宜，锁紧节流阀的调节螺母。当控制气缸滑动块向左滑动的电磁阀手控旋钮旋转到 LOCK（锁定）位时，气缸的滑块应向左滑动。

思考与练习

理论题

气动控制系统由哪些部分组成？每个部分的作用是什么？

操作题

1．找出所选设备的操作面板的输入端口地址。

2．找出所选设备的输出端口地址，根据实际情况完成以下考核评分。

3．绘制所选设备的气动控制原理图。

实验过程中的问题思考与处理

- 故障 1：电磁阀通电，指示灯亮，气缸却不动作。
  - ✓ 解决方法：①查看有无上气，是否漏气；②查看电磁阀是否损坏。
- 故障 2：程序成功下载到 PLC，设备没有动作。
  - ✓ 解决方法：①查看 PLC 输出端口地址是否连接电气设备；②查看电磁阀接线是否松动；③查看是否程序编写有错误。

考核评分

评分项目	考核标准	权重	得分
理论题	能说出气动控制系统的组成及作用	10%	
操作题	找出所选设备的操作面板的输入端口地址	10%	
	找出所选设备的输出端口地址	20%	
	绘制所选设备的气动原理图	60%	
总分		100%	

任务 2.3　传感检测技术的应用

任务描述

本任务学习各种典型传感器的相关知识，在介绍其原理、性能及应用场合的基础上，着重以翔实的应用示例阐述常用传感器的具体应用技术、检测控制电路电气接口及调试，认识并找出自动化生产线设备中所用的传感器及其与 PLC 控制器的电气接口。传感器是 PLC 主要的输入设备，应学习 PLC 输入端口电路，并找出 PLC 输入端口地址及其控制功能，学习课程考核报告书中相关的 I/O 地址分配表中的输入端口内容，为绘制电气原理图做准备。

教学目标

知识目标	技能目标	素养目标
(1) 熟悉常用开关量传感器、数字量传感器、模拟量传感器及其应用； (2) 熟悉 PLC 输入端口电路	(1) 会进行传感器的选用，会进行传感器的使用、安装与维护； (2) 能够找出设备中各种与传感器相连接的 PLC 输入端口电路的地址	(1) 培养劳动意识和工程师的职业素养； (2) 培养团队协作、沟通交流的能力； (3) 培养学习新知识、新技能的能力

自动化生产线设备通过各种各样的传感器收集外部信息，而传感器的作用就是将外部信息转变为 PLC 所能识别的信号，并将信号输入 PLC 中。随着智能制造的发展，传感检测功能向着越来越智能化的方向发展，人脸识别技术就是视觉处理传感检测的一种典型应用。

传感器种类按输出电信号的类型不同分为开关量传感器、数字量传感器和模拟量传感器。

2.3.1　传感器的认知及应用

1. 开关量传感器

开关量传感器，顾名思义，就是输出"0"和"1"的传感器，又称为接近开关。在自动化生产线设备中应用广泛的主要有磁感应式接近开关、电容式接近开关、电感式接近开关和光电式接近开关等，这几种传感器主要是根据其物理原理进行分类的。

1）磁感应式接近开关

磁感应式接近开关简称磁性开关，其工作方式是当有磁性物质接近磁感应式接近开关时，传感器感应动作，并输出开关信号。当磁感应式接近开关用永久磁铁驱动时，多用于检测；若作为限位开关使用，则取代靠碰撞接触的行程开关，可提高系统的可靠性、延长系统的使用寿命。在自动化设备中，磁感应式接近开关主要与内部活塞（或活塞杆）上安装有磁环的各种气缸配合使用，用于检测气缸等执行元件的两个极限位置。为了方便使用，每个磁感应式接近开关上都装有动作指示灯，当检测到磁信号时，输出电信号"1"，指示灯亮。如果将磁感应式接近开关的引线极性接反，因为磁感应式接近开关内部都有过电保护电路，所以不会使其烧坏，但是不能正常工作。图 2-3-1 所示为实验室用磁感应式接近开关的实物图及电气符号图。

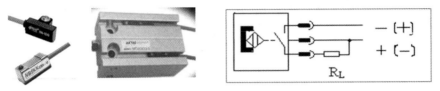

图 2-3-1　实验室用磁感应式接近开关的实物图及电气符号图

2）电容式接近开关

电容式接近开关检测结构通常是构成电容器的一个极板，而另一个极板是开关的外壳。这个外壳在测量过程中通常接地或与设备的机壳相连接。当有物体移向电容式接近开关时，无论它是否为导体，它的接近都会使电容的介电常数发生变化，从而使电容量发生变化，和测量头相连的电路状态也随之发生变化，由此便可控制开关的接通或断开。这种电容式接近开关检测的对象不限于导体，也可以是绝缘的液体或粉状物等。因此，电容式接近开关不仅能够检测金属零件，还能检测塑料、纸张、橡胶及木材等材质，还可以检测绝缘的液体。由于检测内容具有多样性，因此电容式接近开关广泛用于判断物料有无等场合中。图 2-3-2 所示为电容式接近开关的实物图及电气符号图。

图 2-3-2　电容式接近开关的实物图及电气符号图

3）电感式接近开关

电感式接近开关是利用涡流效应制成的开关量输出位置传感器。电感式接近开关由三大部分组成：振荡器、开关电路及放大输出电路。由于电感式接近开关基于涡流效应工作，所以它的检测对象必须是金属。电感式接近开关对金属与非金属的筛选性能好，工作稳定可靠，抗干扰能力强，在现代工业检测中得到广泛应用。图 2-3-3 所示为电感式接近开关的实物图及电气符号图。

4）光电式接近开关

光电式接近开关是通过把光强度的变化转换成电信号的变化来实现控制的，是利用光电效应制成的传感器。光电式接近开关一般由三部分构成：发送器、接收器和检测电路。发送器对准目标发射光束，发射光束一般来源于半导体光源，即发光二极管（LED）、激光二极管及红外发射二极管，不间断发射光束，或者改变脉冲宽度。接收器由光电二极管、光电三极管、光电池组成。在接收器的前面，装有光学元件，如透镜和光圈等，在其后面是检测电路，从而通过过滤得到有效信号和应用信号。图 2-3-4 所示为光电式接近开关的实物图及电气符号图。

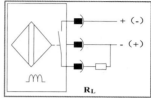

图 2-3-3　电感式接近开关的实物图及电气符号图

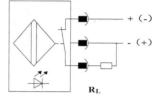

图 2-3-4　光电式接近开关的实物图及电气符号图

根据接收器接收光的方式不同，光电式接近开关可以分以下两种。

（1）对射式光电式接近开关。

对射式光电式接近开关是指发送器与接收器处于相对检测物体的位置工作，根据光路信号的有无判断是否进行信号输出，可分为一体化和分离式两种。由一个发送器和一个接收器组成的光电式接近开关称为对射式分离式光电式接近开关，简称对射式光电式接近开关。它的检测距离可达几十米。使用时把发送器和接收器分别装在检测物通过路径的两侧，检测物通过时阻挡光路，接收器就动作输出一个开关控制信号，对射式光电式接近开关实物图如图 2-3-5（a）所示。槽型光电式接近开关其实是对射式光电式接近开关的一种，又叫作 U 型光电式接近开关，是一体式红外线感应光电产品，由红外线发送管和红外线接收管组合而成，以光为媒介，对检测到的发光体与受光体间的红外光进行接收与转换，检测物体的位置。槽型光电式接近开关也是无接触式的，受检测体的制约少，且检测距离长，可进行长距离检测（几十米），检测精度高，能检测小物体，应用非常广泛，如图 2-3-5（b）所示。

（a）对射式光电式接近开关实物图　　　　　（b）槽型光电式接近开关实物图

图 2-3-5　实物图

（2）扩散反射式光电式接近开关。

扩散反射式光电式接近开关又叫漫反射式光电式接近开关。它的检测头里也装有一个发送器和一个接收器，但前方没有反光板。正常情况下，接收器是找不到发送器发出的光的。当检测物通过时挡住了光，并把部分光反射回来，接收器就能收到光信号，输出一个开关信号。漫反射式光电式接近开关的可调性很好，其敏感度可通过其背后的旋钮进行调节。漫反射式光电式接近开关对环境的敏感度较高，通过调节其敏感度可以用来判断一定距离的障碍物，如实验室用此获取工件的形状信息等。漫反射式光电式接近开关的可调性很好。漫反射式光电式接近开关实物图如图 2-3-6 所示。

图 2-3-6　漫反射式光电式接近开关实物图

安装光电式接近开关时，不能安装在水、油、灰尘多的地方，应回避强光及室外太阳光等直射的地方，注意消除背景物的影响。

2．数字量传感器的认知及应用

数字量传感器是指传统的模拟式传感器经过加装或改造 A/D 转换模块，使输出信号为数字量（或数字编码）的传感器，主要包括放大器、A/D 转换器、微处理器（CPU）、存储器、通信接口、温度测试电路等，直接与计算机系统连接。数字量传感器具有测量精度和分辨率高、抗干扰能力强、稳定性好、易于与计算机接口通信、便于信号处理和实现自动化测量、适宜远距离传输等优点，在一些对精度要求较高的场合，其应用极为普遍。工业装备上常用的数字量传感器主要有数字编码器（如光电编码器）、数字光栅传感器和感应同步器等。

3．模拟量传感器的认知及应用

模拟量传感器在自动化生产线中主要将现场采集到的物理信号转换成电信号，并利用变送器进行信号的校正和标准化。常用的模拟量传感器有温度传感器、电阻远程压力表、流量传感器及超声波传感器。

2.3.2　传感检测技术在生产线中的应用

通过对传感器的认知，找出设备单元上的传感器与 PLC 输入端口的电气连接地址。如找出安装在薄型单活塞杆防转气缸上下限位传感器的地址。分类存储装置如图 2-3-7 所示，电容式传感器用于判断传送带上有无物料，把工件放到电容式传感器的前面，观察 PLC 控制器输入端口指示灯，由灭变亮的指示灯的地址就是这个传感器的电气连接地址。

薄型气缸如图 2-3-8 所示，观察 PLC 控制器输入端口的指示灯，当薄型气缸下降时，由亮变灭的指示灯的地址是薄型气缸下限位传感器的电气连接地址；由灭变亮的指示灯的地址是薄型气缸上限位传感器的电气连接地址。

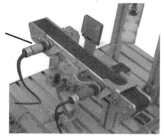

电容式传感器

磁感应式接近开关

图 2-3-7 分类存储装置　　　　图 2-3-8 薄型气缸

 思考与练习

操作题

2 人一组自由组队，填写下表。

组号	学号及名字		任务 1 选定设备	
序号	地址	设备符号	设备名称	设备功能
1	I0.0			
2	I0.1			
⋮	⋮			

考核评分

评分项目	考核标准	权重	得分
操作题	找出所选定的 1 台设备所用到的所有传感器，并标记其设备符号和设备名称，写出传感器在设备中的功能	80%	
	能够安全规范地操作设备	20%	
总分		100%	

项目 3

自动化生产线常用工业设备的调试

任务 3.1　人机界面的设计与调试

🔅 任务描述

　　人机交互是虚拟现实的核心技术之一,在自动化生产线方面的主要应用是人机界面。本任务以综合机的人机界面控制要求设计人机界面,学习自动化生产线常用的按钮、开关、I/O 域、界面管理、订单界面、配方界面及报警功能的实现等人机界面知识。

📖 教学目标

知识目标	技能目标	素养目标
(1) 熟知人机界面的应用场合和西门子人机界面设备的型号; (2) 知道按钮、开关、I/O 域、界面管理、订单界面、配方界面及报警功能的应用场合	(1) 会进行按钮、开关、I/O 域、界面管理、订单界面、配方界面及报警功能等人机界面设置; (2) 能够按照要求设计出满足控制要求的人机界面	(1) 能设计出具备美观性和实用性的人机界面,培养学生的审美观; (2) 通过每个实例的学习,综合拓展任务的进行,培养学生学以致用、举一反三的学习能力

3.1.1　认识人机界面

　　人机界面(Human Machine Interface)又称人机接口,简称 HMI,在控制领域,HMI 一般特指用于操作员与控制系统之间进行对话和交互的设备,常使用触摸屏、物理按钮等。作为一种新的计算机输入设备,触摸屏提供了简单、方便的人机交互方式。目前,触摸屏已经在消费电子(如手机、平板电脑)、银行、税务、电力、电信和工业控制等部门得到了广泛应用。

1. 人机界面控制系统的工作原理

在工作时用手或其他物体触摸触摸屏屏幕，系统根据手指触摸的图标或文字的位置来定位选择信息输入。触摸屏由检测器件和控制器组成，检测器件安装在触摸屏的屏幕上，用于检测用户触摸的位置，并将信息送至控制器，控制器将接收到的信息转换成触点坐标，再传送给 PLC，它还会接收 PLC 发来的命令，并加以执行。如图 3-1-1 所示为人机界面控制系统组成图，人机界面控制系统主要由 PLC、触摸屏、计算机、执行机构组成。

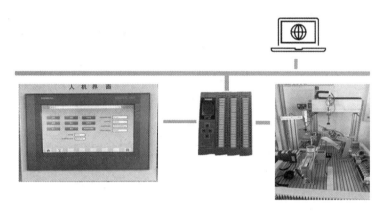

图 3-1-1 人机界面控制系统组成图

2. 西门子触摸屏介绍

触摸屏的图形界面是在专用软件上设计和编译的，如 SIMATIC WinCC（TIA 博途），需要通过通信电缆下载到触摸屏；触摸屏要与 PLC 交换数据，它们之间也需要通信电缆，一般通过工业互联网通信。西门子不同产品系列的触摸屏的使用方法类似，下面以精智面板为例进行介绍。计算机与西门子触摸屏之间通常采用 PROFIBUS-DP 通信（也可以采用 PPI、MPI、以太网等通信，根据具体型号不同而不同），通过一个工业交换机，将计算机、触摸屏和 PLC 连在一起，给每种设备分配不同的 IP 地址。计算机与触摸屏通信连接如图 3-1-2 所示。

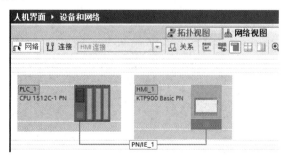

图 3-1-2 计算机与触摸屏通信连接

3.1.2 人机界面的设计

1. 准备知识

1) HMI 变量的分类

变量分为外部变量和内部变量，每个变量都有一个符号名称和数据类型，外部变量是人机界面和 PLC 进行数据交换的桥梁，是 PLC 中定义的存储单元的映像，其值随着PLC 程序的执行而改变。可以在 HMI 设备和 PLC 中访问外部变量。内部变量存储在 HMI设备的存储器中，与 PLC 没有连接关系，只有 HMI 设备能访问内部变量。内部变量用于 HMI 设备内部的计算或执行其他任务。内部变量用名称区分。

2) HMI 变量的创建

① 创建内部变量。新建人机界面项目，添加 PLC 和 HMI 设备（触摸屏），并在"设备和网络"中建立连接，如图 3-1-3 所示，在 TIA 博途软件项目视图的项目树中选中"HMI变量"→"显示所有变量"，创建内部变量"X"，如图 3-1-3 所示。

图 3-1-3　创建内部变量

② 创建外部变量，在 TIA 博途软件项目视图的项目树中选中"HMI 变量"→"显示所有变量"，创建外部变量"M01"，如图 3-1-4 所示，单击"连接"栏目下面的■按钮，选择与 HMI 设备通信的 PLC，本例的连接为"HMI_连接_1"；单击"PLC 变量"栏目下的■按钮，弹出"HMI 变量"窗口，选中"PLC_1"→"PLC 变量"→"默认变量表"→"M01"，单击"√"按钮，"PLC_1"的变量 M01 与 HMI 的 M01 就关联在一起了。

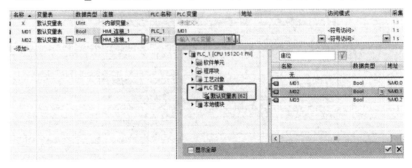

图 3-1-4　创建外部变量

2．I/O 域的分类和组态

本小节所用的主要软硬件如下。

① 1 套 TIA V16 软件。

② 1 台 PLC 控制器，型号为 CPU 1512C-1 PN，订货号为 6ES7 512-1CK01-0AB0。

③ 1 台触摸屏，型号为 KTP900 Basic，订货号为 6AV2 123-2JB03-0AX0。

I 是输入（Input）的简称，O 是输出（Output）的简称，输入域和输出域称为 I/O 域。I/O 域在触摸屏中的应用比较常见。

1）I/O 域的分类

① 输入域：用于保存操作员输入的、要传送到 PLC 的数字、字母或符号，将输入的信息保存到变量中。

② 输出域：只显示变量数据。

③ I/O 域：同时具有输入和输出功能，操作员可以用它修改变量的数值，并将修改后的数值显示出来。

2）I/O 域的组态

① 先建立连接"HMI_连接_1"，即 PLC 与 HMI 的连接，再在变量表中建立整型（Int）变量"MW10""MW12""MW14"，如图 3-1-5 所示。添加和打开"I/O 域"画面，选中工具箱中的"元素"，将"I/O 域"对象拖到画面编辑器的工作区。在画面上建立 3 个 I/O 域对象，如图 3-1-5 所示。分别在 3 个 I/O 域的属性视图的"常规"窗口中设置模式为"输入""输出""输入输出"，选中 I/O 域框，选择"属性"→"常规"→"过程"，在"变量"和"PLC 变量"中选择需要关联的变量，在"PLC 变量"中添加相关变量才能关联，如图 3-1-6 所示。

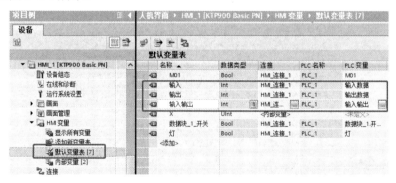

图 3-1-5　新建变量

② 在右侧"工具箱"→"元素"中拉入 I/O 域控件，选中相关的 I/O 域对象（如输入控制），打开下面的"属性"窗口，在"属性列表"→"常规"→"过程"中关联"变量"为需要关联的变量，如刚才设置的输入变量，在"类型"→"模式"中选择"输入"，第一个 I/O 域就具有输入数据的功能。以此类推，设定其他的 I/O 域对象类型为"输出"和"输入输出"。

图 3-1-6　I/O 域组态

③ 功能测试。在 main 程序中添加语句，如图 3-1-7 所示，也就是将输入框中输入的数据显示在输出框中。输入输出效果如图 3-1-8 所示。

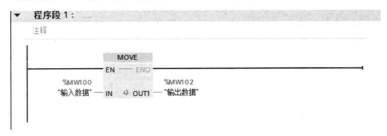

图 3-1-7　输入输出程序

图 3-1-8　输入输出效果

3．开关和图形设计

① 在 PLC 程序块中添加一个数据块（DB）。在数据块中创建一个名为"开关"的变量，如图 3-1-9 所示。

② 在 HMI 的画面里找到图形和开关，并把它们放入画面中；在基本对象里，椭圆、圆、矩形都可以作为灯使用，如图 3-1-10 所示。

③ 在画面中单击"开关"，打开"属性"，开关的颜色和方向可以通过"属性列表"更改，如图 3-1-11 所示。

图 3-1-9　创建新变量

图 3-1-10　设置基本图形对象

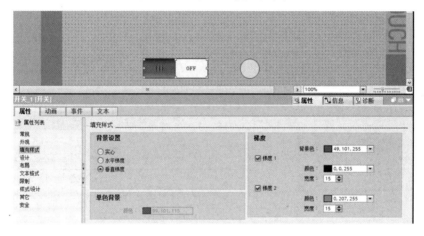

图 3-1-11　开关属性设置

④ 在"开关"的"常规"设置中,"过程"下的"变量"与之前数据块里的"开关"相关联,如图 3-1-12 所示。

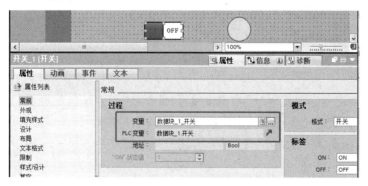

图 3-1-12　开关变量关联设置

⑤ 设置好"开关"属性后，单击"圆"，选择"动画"，在"显示"中"添加新动画"，新增加一个"外观"，"外观"的"变量"和"PLC 变量"中的"灯"相关联，在下面的范围中，添加一个"0"和一个"1"（"0"代表开关没连通，"1"代表开关已连通），将背景色更改为绿色（颜色自定义），需要闪烁的可以在"1"后面把"闪烁"改为"是"，如图 3-1-13 所示。

图 3-1-13　灯的状态变化设置

⑥ 在"程序块"→"Main[OB1]"中编写相应的开关控制灯程序，如图 3-1-14 所示。

图 3-1-14　开关控制灯程序

⑦ 将程序下载到设备或仿真软件查看效果，如图 3-1-15 所示。

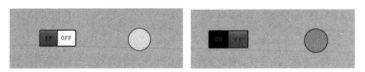

图 3-1-15　灯的状态变化效果

4. 人机界面的用户管理

① 在 HMI 变量中创建一个"内部变量"，或者直接在"默认变量表"中创建名为"登录"和"注销"的 Bool 型变量，"连接"选择"<内部变量>"，如图 3-1-16 所示。

② 回到根画面，在 HMI 工具箱中找到用户管理控件并将其拖入画面中，如图 3-1-17 所示。

③ 在 HMI 工具箱的元素中找到按钮并在画面中创建两个按钮（登录、注销），如图 3-1-18 所示。

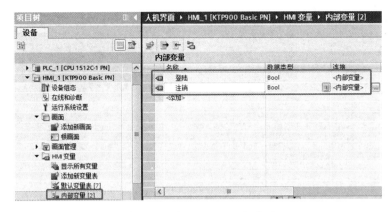

图 3-1-16　建立 HMI 内部变量

图 3-1-17　用户管理界面

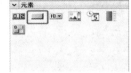

图 3-1-18　设置登录和注销功能

④ 完成上述步骤后，在 HMI 目录中找到并打开"用户管理"，在"用户管理"→"用户"中可以自定义名称（如"GDGM"）、密码（如"123"）。如果勾选了"自动注销"复选框，那么在"注销时间"处要设定好时间，时间单位为分钟，如图 3-1-19 所示。

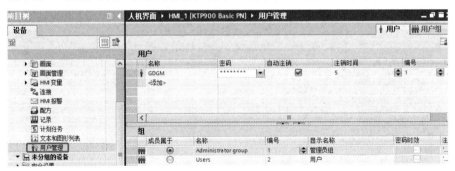

图 3-1-19　用户管理功能设置

⑤ 用户管理的层级关系如下。

权限（可以多个）→组（可以多个）→用户（可以多个）。

一个用户组可以拥有多种权限，一个用户组可以拥有多个用户（注意：单个用户必须有自己的密码、注销时间等）。用户管理的层级关系设置如图 3-1-20 所示。

⑥ 返回 HMI 画面，选中"登录"按钮，在"属性"→"安全"→"运行系统安全性"→"权限"中单击后面的 按钮，添加管理员权限，如图 3-1-21 所示。

⑦ 打开"登录"按钮的"事件"，选择"单击"，在"编辑位"中选择"取反位"，变量为之前创建的"登录"，如图 3-1-22 所示。

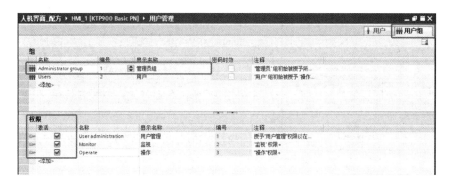

图 3-1-20　用户管理的层级关系设置

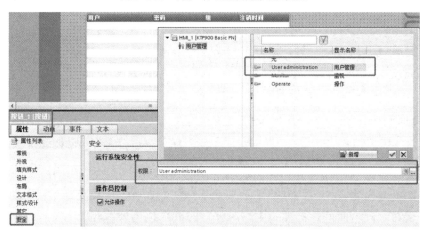

图 3-1-21　管理员权限设置

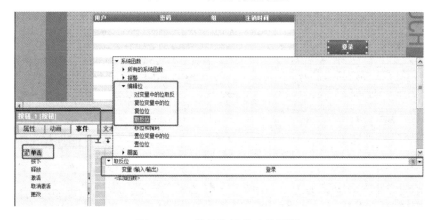

图 3-1-22　登录按钮的功能设置

⑧ "登录"按钮设置完成后,打开"注销"按钮的"事件",选择"单击",并在"用户管理"中将它设为"注销",以便在用户登录后可以手动注销,如图 3-1-23 所示。

⑨ 当想让人机界面需要登录后才能操作时,只需要在对应的按钮后其余 I/O 域中,在"属性列表"中把"安全"的"权限"设为管理员用户组或其他拥有权限的用户组即可,如图 3-1-24 所示。

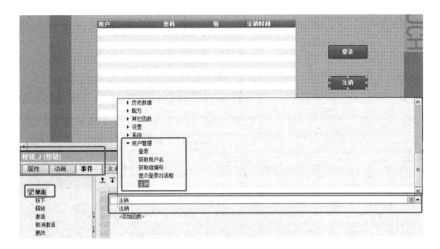

图 3-1-23　注销按钮的功能设置

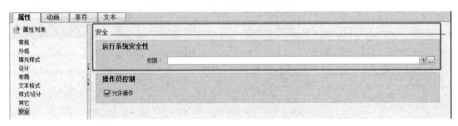

图 3-1-24　安全权限

⑩ 功能测试。将 HMI 下载到实体设备或单击仿真按钮▣启动仿真，单击"登录"按钮，输入正确的登录名和密码后，如图 3-1-25（a）所示，确认后显示登录成功界面，如图 3-1-25（b）所示，单击"注销"按钮显示注销界面，如图 3-1-25（c）所示。

（a）用户密码输入界面

（b）登录成功界面

（c）注销界面

图 3-1-25　功能测试界面

5. 报警界面设计

在自动化生产线的生产过程中，会出现各种各样的故障和警告，需要提醒用户出现的故障类型并进行故障记录，下面介绍如何利用 HMI 进行报警界面的设计。

① 新建报警界面（软件设置中既有报警界面，又有报警画面，为方便阅读，正文描述中均采用报警界面，下同）。HMI 的根画面中有一个报警按钮，它在报警时产生报警弹出窗口，需要新建一个画面作为报警界面，如图 3-1-26 所示。

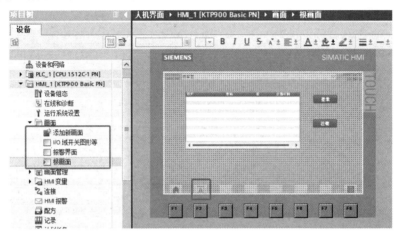

图 3-1-26　报警界面

② 新建报警界面后，打开 HMI 的画面管理，"添加新模板"后，打开"模板_1"。"模板_1"是对根画面的编辑，选择画面下的一个按钮，用来作为报警界面的切换按钮，并打开"属性"。在"属性"→"常规"→"标签"→"文本"中输入"报警界面"，给按钮自定义名称，如图 3-1-27 所示。

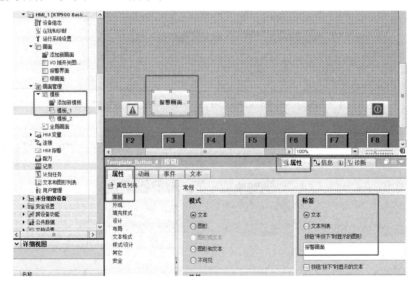

图 3-1-27　报警界面的切换按钮设置

③ 在按钮的"属性"中单击"事件"，选择"单击"→"按下"，并在右边选择"画面"中的"激活屏幕"，如图 3-1-28 所示。

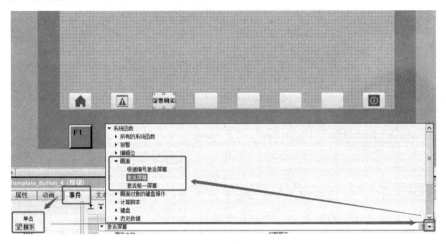

图 3-1-28　报警界面激活屏幕

④ 将刚才新建的"报警界面"与"画面名称"关联，如图 3-1-29 所示。

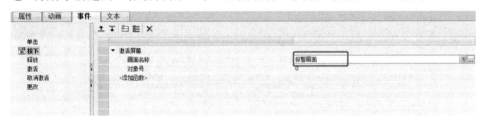

图 3-1-29　将"报警界面"与"画面名称"关联

⑤ 在 HMI 画面中选中"报警界面"，右击，选择"属性"→"常规"设置中的"模板"，选择刚才设置好的"模板_1"，将模板关联，如图 3-1-30 所示。

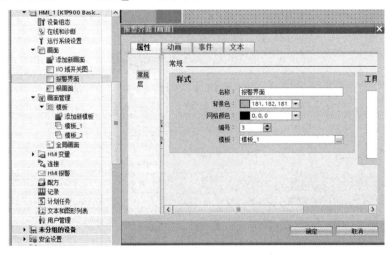

图 3-1-30　报警界面模板关联

⑥ 在 PLC 变量表中新增一个"Word"型的变量，名称为"报警变量"，如图 3-1-31 所示。

图 3-1-31　新增报警变量

⑦ 报警内容的设置。创建完变量后，打开"HMI 变量"的"HMI 报警"，进行报警内容的设置。

◇　在"HMI 报警"中，分为离散量报警和模拟量报警，选择离散量报警，添加需要报警的 ID，如 1、2 等，如果名称不显示就可以不进行更改，因为显示的是报警文本，根据自行输入的报警内容在"报警类别"中可以查看报警文本；触发变量，选择之前新建的变量。报警类别选择如图 3-1-32 所示，有 Acknowledgement、Errors、No Acknowledgement、Warnings。其中，Acknowledgement、No Acknowledgement 是系统报警，Errors、Warnings 较常用（Errors：需要确认报警；Warnings：不需要确认报警）。

图 3-1-32　报警类别选择

◇　触发位：上个步骤新建了 MW10 报警变量，将触发位设定为 0，因为 MW10 包含 MB10 和 MB11（高位低字节和低位高字节），所以触发位为 0，表示 M11.0，以此类推，一共 16 位。

◇　离散量报警设置如图 3-1-33 所示。

图 3-1-33　离散量报警设置

⑧ 回到"报警界面",把报警控件拉入画面中,如图 3-1-34 所示。

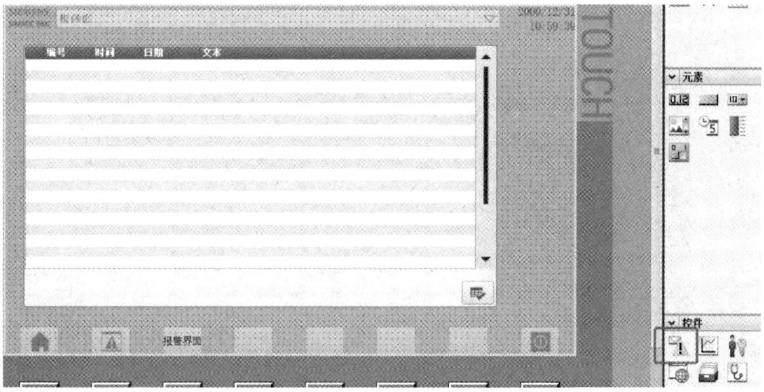

图 3-1-34　报警控件设置

⑨ 选中报警控件,打开下面的属性窗口,依次单击"属性"→"工具栏"→"按钮",并勾选"确认"复选框。做完这一步后,就可以下载到设备或仿真软件了,如图 3-1-35 所示。

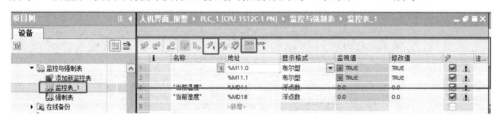

图 3-1-35　报警控件确认设置

⑩ 报警效果调试。新增一个监控表,即"监控表_1"。在监控表里添加两个地址,分别为 M11.0 和 M11.1。单击"监控表",将修改值修改为"1"后,单击 按钮,如图 3-1-36 所示,就能在设备或仿真软件上看到其报警效果了,如图 3-1-37 所示。

图 3-1-36　在监控表增加相关报警信号

⑪ 在 PLC 变量里添加两个 Real 型或 Int 型变量,如图 3-1-38 所示。

⑫ 模拟量报警设置。在"HMI 报警"的"模拟量报警"中创建 ID,ID 是根据需要报警的对象来设置的。模拟量报警的"报警文本"和"报警类别"和离散量报警的报警设置一样,触发变量,选择创建的变量,限制和限制模式是指当值超过或小于设定值时都会报警,模拟量报警设置如图 3-1-39 所示。

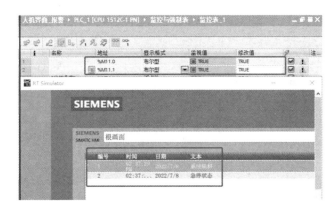

图 3-1-37　离散量报警效果显示

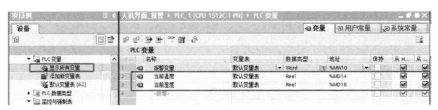

图 3-1-38　新增模拟量报警变量

图 3-1-39　模拟量报警设置

⑬ 在监控表中添加变量表的变量，方法和前述设置离散量报警时一样。将"当前温度"设定为"15.0"时，会出现当前温度过低的提示。如图 3-1-40 所示；将"当前湿度"修改为"60.0"时，会出现当前湿度过高的提示，如图 3-1-40 所示。

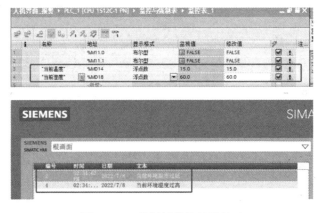

图 3-1-40　模拟量报警效果显示

6．配方界面设计

配方是人机界面中常用于工艺上的一种工具，不同的作业需要不同的配方（参数）。在自动化生产线中，同一生产线可以加工不同的工件，装配的数量也可以进行设置，入库时针对不同的工件可以选择放入不同的料仓等。如果没有配方，那么每一次进行更换作业时都需要手动输入相应参数，必然很麻烦。有了配方，一种作业对应一个配方，进行更换作业时直接调用相应配方的参数即可，既节省时间、精力，又能保证效果。下面通过例子介绍配方的 HMI 人机界面设置。

① 首先添加一个数据块 DB1，在 DB1 中建立需要的变量，如图 3-1-41 所示。

图 3-1-41 新增配方所需要的变量

② 建立完变量后，打开 HMI 的配方设置界面，建立所需要的配方，每一个配方被建立后默认包含一个元素，配方最大数据记录数表示它最多可以包含多少个元素。如图 3-1-42 所示，建立两个配方（配方_1 和配方_2），在每个配方下面新增加 3 个元素，并将其变量与上面建立的数据块 DB1 的相关变量关联。

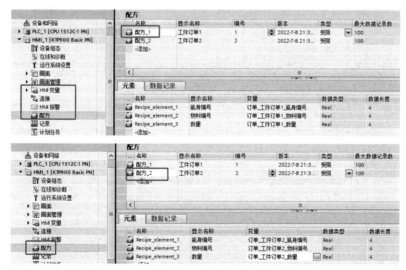

图 3-1-42 新增配方及其元素

③ 配方创建好后打开 HMI 画面，如图 3-1-43 所示，在画面右边的工具箱中找到控件，并把配方表拉到画面中。

④ 运行仿真或下载到设备中，仿真开始后，就可以在配方表里选择自己建立的配方，如图 3-1-44 所示。

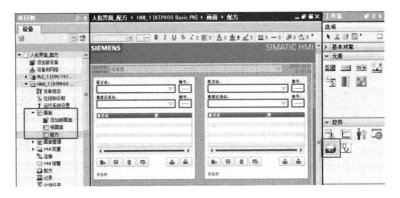

图 3-1-43 配方控件设置

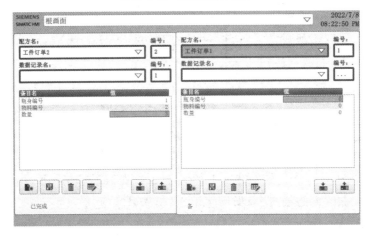

图 3-1-44 配方仿真效果

⑤ 编辑配方界面。在画面中选中建好的配方，如图 3-1-45 所示，选择"属性"标签下的"标签"，勾选"显示标签"复选框，更改"名称"为"订单名"，并更改"编号"及"元素"的标签，右侧可以更改"配方数据记录"的标签，可以修改"名称"为"订单号"。

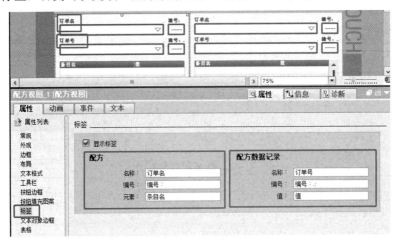

图 3-1-45 配方标签设置

⑥ 配方表有一栏是无法在开始前就设定好的，一定要在仿真开始后才能输入，且没有中文输入，如图 3-1-46 所示。

图 3-1-46　配方标签设置仿真效果

⑦ 我们可以在配方表的条目名中输入变量的值，在数据块中监视数据，再单击并传入 PLC，在数据块中可以看见值的改变，如图 3-1-47 所示。

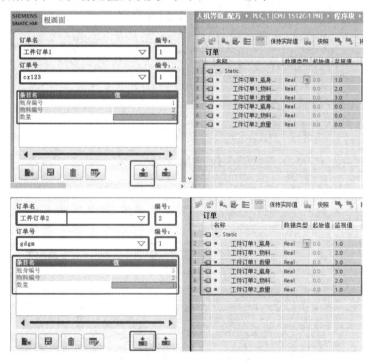

图 3-1-47　配方变量设置仿真效果

⑧ 在配方属性中，可以在配方这个选项中关联一个 HMI 配方中所建立的配方，不过关联完后，仿真界面就无法选择其他配方了，只显示关联的配方；当想要控制某一个配方时，可以建立相关变量，来关联配方数据记录，如图 3-1-48 所示。

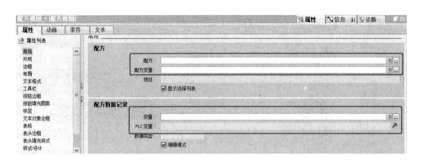

图 3-1-48　配方关联变量

7．订单界面设计

在自动化生产线设备的装配、搬运和入库等环节中，需要选择不同的工件进行装配，将不同的工件放入不同的物料筒，也就是不同工件的工艺流程是不同的，这就需要在HMI画面做出选择。配方除了有这个功能，还可以自行设计订单界面来实现不同的工艺流程，下面介绍订单界面中的常用方法。

① 在 PLC 程序块中建立一个数据块，名称为"HMI"，创建所需要的变量，如图 3-1-49 所示。

图 3-1-49　HMI 数据块变量

② 文本列表设置。打开 HMI 变量的"文本和图形列表"，在"文本列表"中创建一个"订单"列表，并选中"订单"文本，在"文本列表条目"下新建 3 个条目，如图 3-1-50所示。

图 3-1-50　文本列表设置

③ 图形列表设置。在 HMI 变量下找到"文本和图形列表",在"图形列表"中创建一个"图形"。在"图形列表条目"中创建一个值为 0 和一个值为 1 的图形列表,这样在选择订单界面时就可以选择相应的条目。图形列表设置如图 3-1-51 所示。

图 3-1-51　图形列表设置

④ 在图形_1 中,全白的图形可以通过创建新图形来获得,单击"创建新图形后",弹出"插入对象"对话框,选择"画笔图片"后单击"确定"按钮,当弹出画图页面后关闭即可。自定义图形设置如图 3-1-52 所示,自定义图形设置_画笔工具的使用如图 3-1-53 所示。

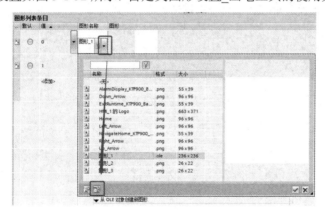

图 3-1-52　自定义图形设置

图 3-1-53　自定义图形设置_画笔工具的使用

⑤ 通过"图形列表"中的工具箱来获得打钩"✔"的图形,依次单击右侧的"工具箱"→"图形",如图 3-1-54 所示,找到相应的打钩"✔"的图形。

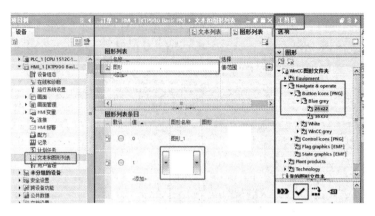

图 3-1-54　工具箱图形选择

⑥ 将文本列表和图形列表拉入画面中。返回人机界面的画面，在工具箱中打开"元素"，并找到图 3-1-55 中的两个控件，一个为文本列表控件，另一个为图形列表控件，将其摆放好，如图 3-1-55 所示。

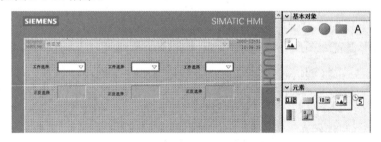

图 3-1-55　文本列表控件和图形列表控件设置

⑦ 关联文本列表变量。如图 3-1-56 所示，选中画面中的一个文本列表控件，依次单击"属性"→"常规"→"过程"→"变量"→"程序块"→"HMI[DB2]"→"订单 1"，选择并打钩确认；依次单击"内容"→"文本列表"→"订单"，将"可见条目"设置为 3 条，以此类推，也可以进行其他关联设置，如图 3-1-57 所示。

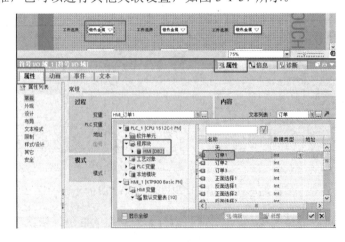

图 3-1-56　文本列表变量过程关联设置

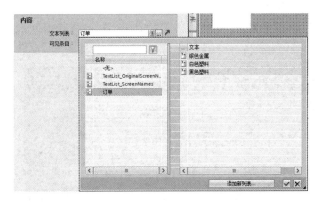

图 3-1-57 文本列表变量内容关联设置

⑧ 关联图形列表变量。如图 3-1-58 所示，选中画面中的一个图形列表控件，依次单击"属性"→"常规"→"过程"→"变量"→"程序块"→"HMI[DB2]"→"正面选择 1"，选择后打钩确认；依次单击"内容"→"图形列表"，选择刚才设置的图形，以此类推，也可以进行其他关联设置，如图 3-1-59 所示。

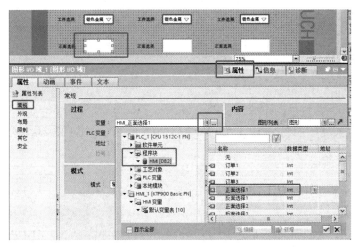

图 3-1-58 图形列表变量过程关联设置

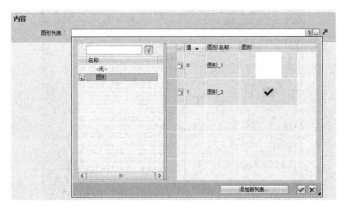

图 3-1-59 图形列表变量内容关联设置

⑨ 运行调试。下载到相应的设备中查看画面效果，文本列表与图形列表效果如图 3-1-60 所示。

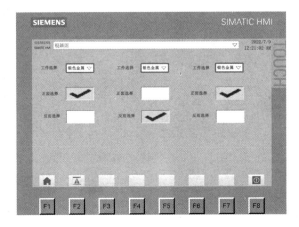

图 3-1-60　文本列表与图形列表效果

3.1.3　人机界面应用案例

1. 主要软硬件配置

（1）1 套 TIA V16 软件。

（2）1 台 PLC 控制器，型号为 CPU 1512C-1 PN，订货号为 6ES7 512-1CK01-0AB0。

（3）1 台触摸屏，型号为 KTP900 Basic，订货号为 6AV2 123-2JB03-0AX0。

2. HMI 界面组态

HMI 界面需要应用模板，通过 I/O 域进行任意界面切换。

1）开机界面

HMI 启动后，通过视图窗口进入开机界面，开机界面如图 3-1-61 所示，能够通过上面的文本列表进入相应的界面，也可以通过下面的按钮进入相应的界面。

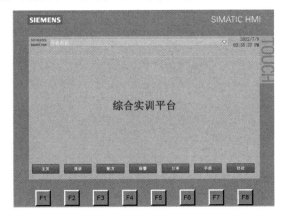

图 3-1-61　开机界面

2）用户登录界面

用户通过登录名（gdgm）和密码（123）进行登录，用户登录界面如图 3-1-62 所示。

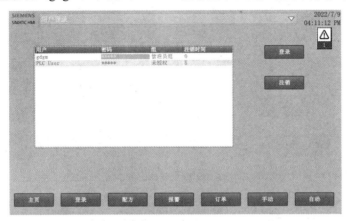

图 3-1-62　用户登录界面

3）报警界面

报警界面能对离散型变量（如限位开关量提示"伺服发生超出限位"）进行错误报警，能对"传送带运动异常"进行警告。能在模拟量伺服机构运动的位置小于-500 时提示"伺服超出左限位"错误报警，能在模拟量伺服机构运动的位置大于 300 时提示"伺服超出右限位"错误报警。报警界面如图 3-1-63 所示。

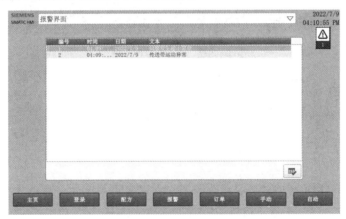

图 3-1-63　报警界面

4）订单界面

在订单界面能够实现 3 次物料工件的选择，每个文本列表有银色金属、白色塑料和黑色塑料 3 个选择，可以实现 3 次对工件的正反面的选择。订单界面如图 3-1-64 所示。

5）手动操作控制界面和自动操作控制界面

建立手动操作控制界面和自动操作控制界面，根据具体要求添加具体的功能，手动操作控制界面如图 3-1-65 所示。

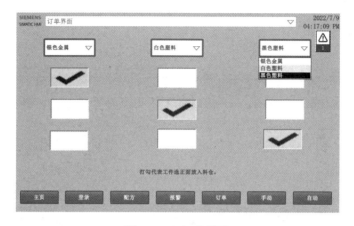

图 3-1-64　订单界面

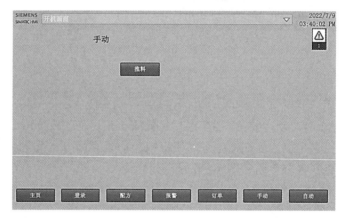

图 3-1-65　手动操作控制界面

3．程序调试与功能实现

具体的程序调试与功能实现方法可参考本小节的相关内容。

思考与练习

实训 3-1　HMI 人机界面设计

工作任务	S7-1500 PLC 与 G120 变频器控制传送带运行	学习心得
注意事项	① 本实训台采用交流 380V 供电； ② 不能带电操作，在通电的情况下，不能进行接线、维护，不能触摸交流设备等	
学习目标	① 能进行 HMI 用户管理操作，能进行画面切换； ② 能够进行按钮、开关和 I/O 域的组态； ③ 能进行文本列表和图形列表的设置，实现订单选择； ④ 能用配方控件进行自动化生产线工艺流程的选择； ⑤ 能够实现报警功能	

续表

工作任务	S7-1500 PLC 与 G120 变频器控制传送带运行			学习心得
器材检查	自动化生产线实训设备 1 套，包含： ① 1 套 TIA V16 软件； ② 1 台 PLC 控制器，型号为 CPU 1512C-1 PN，订货号为 6ES7 512-1CK01-0AB0； ③ 1 台触摸屏，型号为 KTP900 Basic，订货号为 6AV2 123-2JB03-0AX0； ④ 所需的元器件、连接导线；数字万用表一块；气源			
任务要求	在实验室的综合机上完成以下控制任务，控制要求见 3.1.4 HMI 界面案例要求的功能			
总结	① 请自行总结功能完成情况、功能改进方案等； ② 思考如何实现人机功能的功能性和美观性的统一			
评分	考核标准	权重	得分	
	开机画面功能实现	20%		
	用户登录界面功能实现	10%		
	报警界面功能实现	20%		
	订单界面功能实现	20%		
	配方界面功能实现	20%		
	人机界面的功能性和美观性的统一	10%		
	总分	100%		

任务 3.2 G120 变频器的调试与应用

任务描述

本任务采用了西门子 S7-1500 PLC，通过 PROFINET 工业互联网通信技术对 G120 变频器进行控制，驱动三相异步电机控制传送带的运行，光电编码器作为位置反馈元件，将位置信号反馈给 PLC，PLC 通过内置的高速计数器接收编码器的位置信息，构成了闭环的速度和位置控制系统。此系统还应用了西门子系列 HMI 监控设备，不仅能对传送带进行启动、停止、复位等操作，还能反馈实时位置，能通过 HMI 监控设备进行速度等参数的设置。

教学目标

知识目标	技能目标	素养目标
（1）熟悉变频调速控制系统； （2）了解 G120 变频器、光电编码器的知识	（1）会进行 G120 的调试及使用； （2）能够利用 G120 变频器控制传送带运行； （3）能够用人机界面控制传送带位置并进行位置反馈和速度设定	（1）培养劳动意识和工程师的职业素养； （2）培养团队协作、沟通交流的能力； （3）培养学习新知识、新技能的能力

3.2.1 传送带控制系统介绍

目前，变频器调速控制系统已广泛应用于汽车、机械、化工等行业。作为变频调速系统的控制核心部分的变频器，最初通过控制面板或端子进行运行参数的设置，启动或停止变频器运行。而各种大中型自动化生产线一般要求采用由 PLC、变频器等组成的闭环控制系统进行复杂控制，并且要方便设置系统运行参数、运行速度等，形成具有连续柔性生产线的调速控制系统。

1. 传送带的工艺原理

传送带的作用是通过带传动将工件从一个位置传送至另一个位置，传送带的结构如图 3-2-1 所示，在实训设备中，传送带能够实现直线往复运动，在此设备中，需要先将工件推出，通过传送带运送工件，再经过传感器的辨别后，将需要翻转的工件准确停在机械手位置，将废料输送到废料槽位，并在传送带末端位置停下来。在传送带的传送过程中，对位置控制精度的要求较高，因此需要采用闭环控制系统来实现，PLC 通过控制变频器的频率来控制传送带的速度，变频器能够反馈速度信息给 PLC，同时用光电编程器获取电机的运行信息，并传送给 PLC 进行位置控制，实现对传送带的速度与位置的控制与反馈。

图 3-2-1　传送带的结构

2. 传送带实际线速度的算法

用传送带变频器的输出频率乘以电机转速再除以 50Hz，即可得到当前电机转速；当前电机转速除以减速机比是减速机输出转速，也就是皮带轮转速；皮带轮转速乘以皮带轮直径（滚筒直径+皮带厚度×2）并乘以圆周率（π）就是每分钟的皮带速度；每分钟的皮带速度除以 60 等于皮带的每秒线速度。

公式：传送带变频器的输出频率×电机转速/50Hz/减速机比×皮带轮直径×π/60=皮带的每秒线速度

相关参数：电机转速为 1500r/min，滚筒直径为 30mm，皮带厚度为 2mm，减速机比为 10，频率为 50Hz。

3. 传送带位置反馈的计算

光电编码器安装在电机的轴上，当电机旋转后，光电编码器产生的脉冲数正比于传送带运行的距离。因此用 PLC 的高速计数器对电机转动的脉冲信号进行累加可以获得传送带任何时候的位置。

现在介绍一种先通过调试传送带的脉冲数与位置的关系粗略估算线速度参数和位置反馈参数，再进行相关信息反馈的方法。由传送带的结构可知，实验设备需要在 3 个位置停止，分别是气爪位、废料位和传送带末端位。通过程序测得传送带运行脉冲与位置关系表，如表 3-2-1 所示。

表 3-2-1　传送带运行脉冲与位置关系表

| 频率/Hz | 变频器反馈速度/（mm/s） | 位置/mm | 计数脉冲/个 | | 传送带运行时间/ms | 线速度/（mm/s） | 单个脉冲走过位移/mm |
			设定值	计数值			
25	8219	255	1965	2097	4560	55.92	0.129770992
		365	3000	3130	6822	53.50	0.121666667
		525	4400	4531	9875	53.16	0.119318182

在表 3-2-1 中，255、365、525 分别为气爪位、废料位和传送带末端位离传送带物料送出位置的距离。在 25Hz 的频率下，调试传送带准确停在气爪位、废料位和传送带末端位这 3 个位置的高速计数器的计数值就是表 3-2-1 中的设定值，传送带停下来后，高速计数器的实际计数值也被记录下来，保存在计数值中，计数值与停下来的位置的计数值之间有误差，程序停下来后，由于 PLC 程序扫描时间等关系，与传送带真正停下来还有一定的稳定时间，所以编码器记录的计数值会增加。传送带的线速度的计算公式为

$$线速度（mm/s）=位置（mm）/传送带运行时间（ms）×1000$$

如果要对传送带的位置进行实时反馈，可以将 3 个位置中的每个位置与传送带的起点位置的距离除以计数脉冲的设定值，得到单个脉冲走过位移（mm），求得 3 个位置单个脉冲走过位移的平均值，再乘以高速计数器得到的计数脉冲，就能实时反馈传送带走过的位置量了。

3.2.2　系统硬件及系统构成

1. 变频调速控制系统构成

变频调速控制系统主要由以下几个部分构成，如图 3-2-2 所示。图 3-2-3 所示为 SINAMICS G120 变频器。

（1）采用西门子 S7-1500 PLC 作为控制核心执行系统和用户程序，它也是设备层核心。

（2）PLC 侧配置模拟量输入/输出模块，该模块的主要作用是在系统中接收和发送变频器和编码器的输入/输出信号。

（3）采用工业用交换机实现 PLC、变频器、计算机间的通信。

（4）采用 G120 变频器实现对传送带速度的控制与反馈。

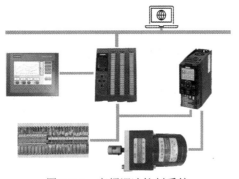 

图 3-2-2　变频调速控制系统　　　　图 3-2-3　SINAMICS G120 变频器

（5）三相异步电机作为控制系统的执行元件驱动传送带运行。

（6）采用西门子精简系列 KTP900 Basic 触摸屏作为整个系统的人机操作界面，可以在 HMI 上进行控制操作及监控显示。

2．主要软硬件配置

（1）1 套 TIA V16 软件。

（2）1 台 PLC 控制器，型号为 CPU 1512C-1 PN，订货号为 6ES7 512-1CK01-0AB0。

（3）1 台变频器，型号为 SINAMICS G120C PN，配备 SINAMICS IOP-2 控制面板。

（4）1 台三相异步电机，参数为 25W、220/380V、0.12A、50Hz、1350rpm。

（5）1 台触摸屏，型号为 KTP900 Basic，订货号为 6AV2 123-2JB03-0AX0。

3.2.3　G120 变频器与 PLC 通信数据结构

1．G120 变频器概述

变频器（Variable-Frequency Drive，VFD）是应用变频技术与微电子技术，通过改变电源频率的方式来控制交流电机的电力控制设备。图 3-2-4 所示为 SINAMICS G120 系列产品的构成，变频器与功率单元驱动三相异步电机转动。

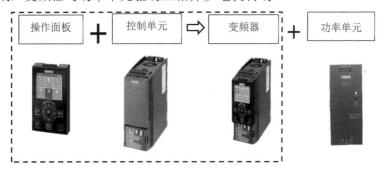

图 3-2-4　SINAMICS G120 系列产品的构成

2．变频器的工作原理及组成

变频器的组成单元及作用如图 3-2-5 所示。

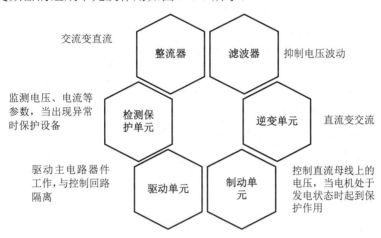

图 3-2-5 变频器的组成单元及作用

3．变频器的控制方式

变频器的控制方式有 V/F、转差频率、矢量控制、其他控制，图 3-2-6 所示为控制方式说明，实验设备选用闭环控制方式。

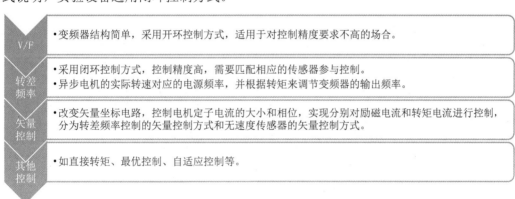

图 3-2-6 控制方式说明

3.2.4 G120 变频器控制传送带运行案例

1．任务技术要求描述

（1）实现传送带的点动正转、反转、停止。

（2）实现传送带的启动、停止和复位功能。

（3）能够在气爪位、废料位和传送带末端位停下来。

（4）能够通过 HMI 设置变频器的频率。

（5）能够正确显示传送带的实时转速、线速度、实时位置、高速计数器的脉冲数及传送带运行时间。

（6）人机控制界面如图 3-2-7 所示。

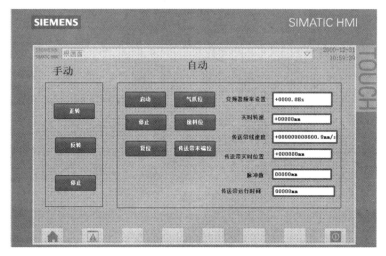

图 3-2-7　人机控制界面

2．程序设计与调试

1）添加 G120 变频器

新建一个 PLC 项目，添加 PLC 控制器后，添加 G120 变频器，如图 3-2-8 所示。连接 G120 变频器和 PLC，如图 3-2-9 所示。

图 3-2-8　添加 G120 变频器

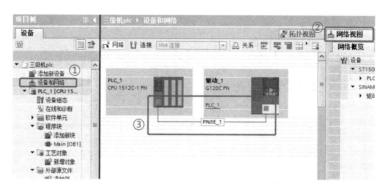

图 3-2-9 连接 G120 变频器和 PLC

2）用调试向导功能设置变频器参数

除了直接用控制面板设置变频器参数，还可以用博途软件设置变频器参数。打开 G120 变频器的调试页面，使用调试向导功能设置变频器的控制方式、控制命令源、电机参数等。进入调试向导后单击"下一页"按钮，调试向导如图 3-2-10 所示。应用等级如图 3-2-11 所示。设定值指定如图 3-2-12 所示。设定值/指令源的默认值如图 3-2-13 所示。

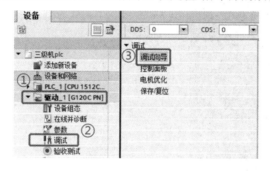

图 3-2-10 调试向导

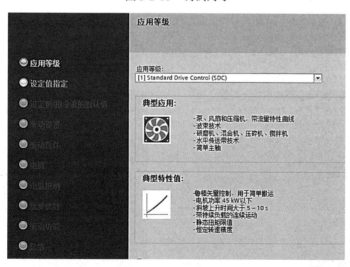

图 3-2-11 应用等级

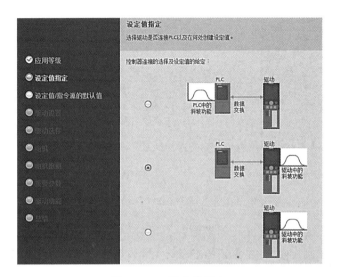

图 3-2-12　设定值指定

图 3-2-13　设定值/指令源的默认值

输入设备输入电压：380V。下面设置驱动设置、驱动选件、电机、电机抱闸、重要参数、驱动功能、总结，如图 3-2-14～图 3-2-20 所示。

图 3-2-14　驱动设置

图 3-2-15　驱动选件

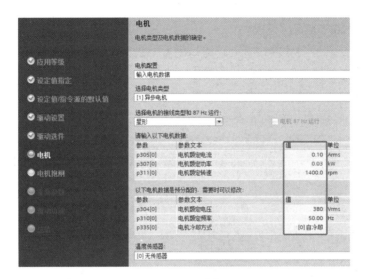

图 3-2-16　电机

图 3-2-17　电机抱闸　　　　　　　　　　　　　图 3-2-18　重要参数

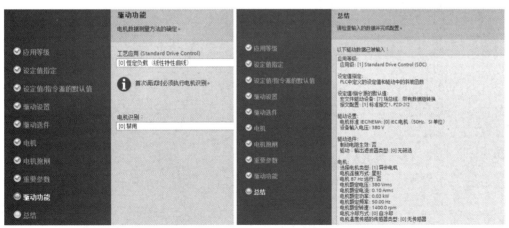

图 3-2-19　驱动功能　　　　　　　　　　　　　图 3-2-20　总结

3）下载 G120 变频器

完成 G120 变频器的软件设置后，可以配置 G120 变频器的 IP 地址，如图 3-2-21 所示。打开 G120 变频器的下载页面，设置好网络接口，搜索 G120 变频器，勾选"将参数设置保存在 EEPROM 中"复选框，下载参数到 G120，如图 3-2-22～图 3-2-24 所示。注意在下载之前先把 PLC 下载到设备中。

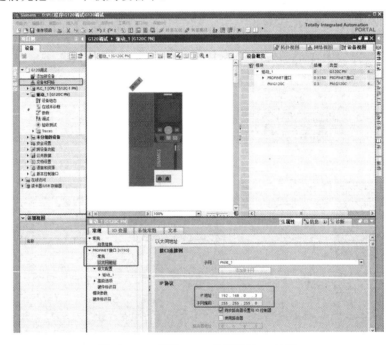

图 3-2-21　配置 G120 变频器的 IP 地址

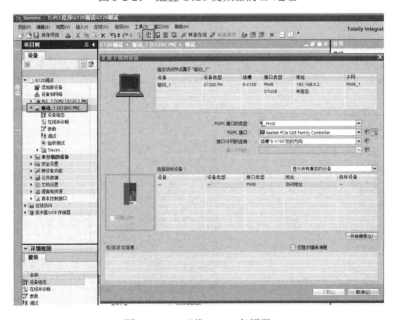

图 3-2-22　下载 G120 变频器

注意选择正确的 PLC 与 G120 变频器的接口，对于不同的计算机要根据实际接口进行选择。

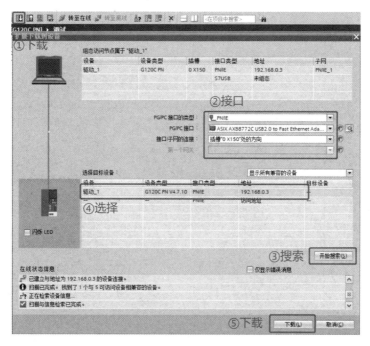

图 3-2-23　G120 下载页面

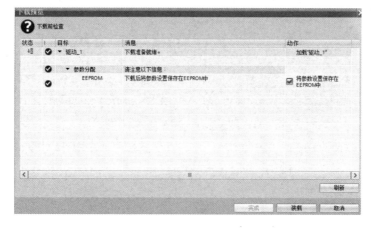

图 3-2-24　将参数设置保存在 EEPROM 中

4）在线调试 G120 变频器

单击"调试"→"控制面板"，使 G120 变频器处于在线状态。若有故障，则需要先复位，再激活主控权，使能并接通 G120 变频器。在线调试 G120 变频器如图 3-2-25 所示。

在控制面板中可对 G120 变频器进行向前（正转）、向后（反转）设置，需要按下"OFF"按钮才能停止，还能进行 JOG（点动）测试等，确保在实际应用前先测试好设备。在测试时，如果离开测试画面，为确保安全，系统会自动停止测试，在紧急情况下，也可以按下空格键停止测试。在测试过程中，如果发现电机转动方向与预期方向是相反的，那么可以通过修改"输出相序逆转"这个参数为"ON"来实现运行方向取反，而不必更改现有的接线方式，修改参数后要同步下载到 G120 中。测试功能如图 3-2-26 所示。输出相序逆转如图 3-2-27 所示。

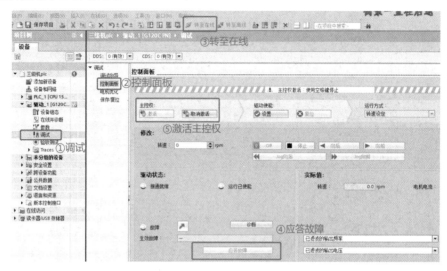

图 3-2-25　在线调试 G120 变频器

图 3-2-26　测试功能

图 3-2-27　输出相序逆转

5）PLC 控制 G120 变频器的报文

在建立自动化工程时，已经分配好了 G120 变频器的上层控制器为 CPU1512C，因此在下载好 G120 变频器的参数、PLC 的硬件组态及程序后，这两台设备就开始建立连接了，若没有将两台设备用网线连接起来，则会报 BF（总线）故障。

PLC 与 G120 通过报文来识别控制命令与反馈信息。PLC 与 G120 的通信报文为标准报文 1，对应的 PLC 地址为 I256…259 和 Q256…259，如图 3-2-28 所示。

图 3-2-28　标准报文 1

PLC I/O 地址与变频器报文的对应地址说明如表 3-2-2 所示。

表 3-2-2　PLC I/O 地址与变频器报文的对应地址说明

数据方向	PLC I/O 地址	变频器报文	数据类型
PLC→变频器	QW256	PZD1-控制字 1（STW1）	十六进制（16bit）
	QW258	PZD2-主设定值（NSOLL_A）	有符号整数（16bit）
变频器→PLC	IW256	PZD1-状态字 1（ZSW1）	十六进制（16bit）
	IW258	PZD2-实际转速（NIST_A_GLATT）	有符号整数（16bit）

S7-1500 通过 PROFINET PZD 通信方式将控制字 1（STW1）和主设定值（NSOLL_A）周期性地发送至变频器，变频器将状态字 1（ZSW1）和实际转速（NIST_A）发送到 S7-1500。

常用控制字如下，有关控制字 1（STW1）的详细定义可参考变频器控制位，如表 3-2-3 所示。

- 047E（十六进制）—OFF1 停车/运行，准备就绪（上电首次发送）。
- 047F（十六进制）—正转启动。
- 0C7F（十六进制）—反转启动。
- 04FE（十六进制）—故障复位。

表 3-2-3　变频器控制位

控制位	含义	参数设置
0	ON/OFF	P840=r2090.0
1	OFF2 停车	P844=r2090.1

续表

控制位	含义	参数设置
2	OFF3 停车	P848=r2090.2
3	脉冲使能	P852=r2090.3
4	使能斜坡函数发生器	P1140=r2090.4
5	启动斜坡函数发生器	P1141=r2090.5
6	使能转数设定值	P1142=r2090.6
7	故障应答	P2103=r2090.7
8、9	预留	
10	通过 PLC 控制	P854=r2090.10
11	反向	P1113=r2090.11
12	未使用	
13	电动电位计升速	P1035=r2090.13
14	电动电位计降速	P1036=r2090.14
15	CDS 位 0	P0810=r2090.15

主设定值：速度设定值要经过标准化，变频器接收十进制有符号整数 16384（十六进制为 400H），对应 100%的速度，接收的最大速度为 32767（200%）。在参数 P2000 中设置 100%对应的参考速度。

变频器状态位如表 3-2-4 所示。

反馈实际转速同样需要经过标准化，其方法与主设定值相同。

表 3-2-4　变频器状态位

状态位	含义	参数设置
0	接通就绪	R899.0
1	运行就绪	R899.1
2	运行使能	R899.2
3	故障	R2139.3
4	OFF2 激活	R899.4
5	OFF3 激活	R899.5
6	禁止合闸	R899.6
7	报警	R2139.7
8	转数差在公差范围内	R2197.7
9	控制请求	R899.9
10	达到或超出比较速度	R2199.1
11	I、P、M 比较	R1407.7
12	打开抱闸装置	R899.12
13	电机过热报警	R2135.14
14	正反转	R2197.3
15	CDS	R836.0

6）G120 手动调试

新建一个变量表"G120"，新建 FB 函数块，命名为"G120"，并新建 FB 函数块，命名为"初始化"，专门用于对程序进行初始化。打开"设备和网络"，单击 PLC 图标；单击"属性"→"系统和时钟存储器"，勾选"启用系统存储器字节"及"启用时钟存储器字节"复选框，如图 3-2-29 所示。

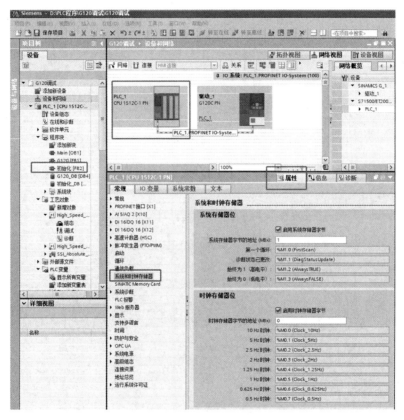

图 3-2-29　启用系统存储器字节和时钟存储器字节

设置 G120 变量，如图 3-2-30 所示，把 G120 变量需要用到的变量先设置好。

图 3-2-30　设置 G120 变量

新建所有用到的 IO 变量与中间量，可以新建名称为"IO 变量"与"中间量"的变量表，新建 IO 变量如图 3-2-31 所示。

图 3-2-31　新建 IO 变量

建立需要用到的中间量，中间量可以用来关联 HMI 变量，新建中间量如图 3-2-32 所示。新建 HMI 变量如图 3-2-33 所示。

图 3-2-32　新建中间量

图 3-2-33　新建 HMI 变量

编写初始化程序，初始化程序主要用于对程序进行初始化，清零所有用到的中间量和输出端口的数据。初始化程序如图 3-2-34 所示。

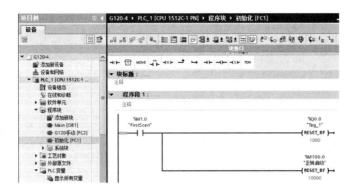

图 3-2-34　初始化程序

新建"G120 手动"FC 函数，实现控制传送带的手动操作功能，如图 3-2-35 所示。

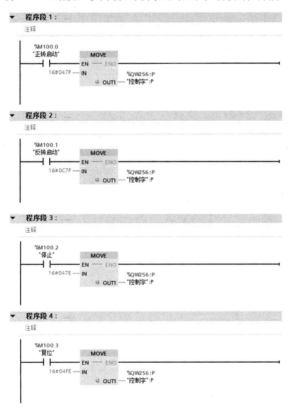

图 3-2-35　新建"G120 手动"FC 函数

7）PLC 高速计数器进行传送带定位控制

（1）将"初始化"与"G120 手动"函数块加载到主程序中，单击进入 PLC 属性设置界面，在"高速计数器"中勾选"激活高速计数器"复选框，并单击使用工艺对象"计数和测量"操作单选按钮，如图 3-2-36 所示。

（2）在"工艺对象"中"新增对象"，如图 3-2-37 所示。工艺对象的基本参数如图 3-2-38 所示。

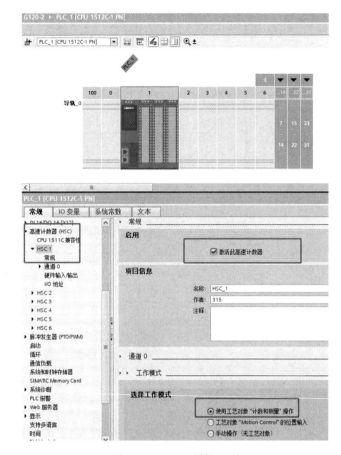

图 3-2-36　PLC 属性界面

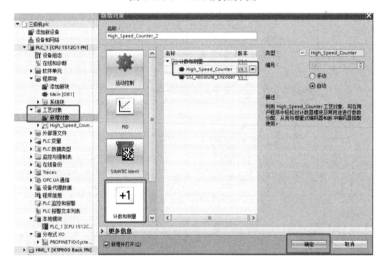

图 3-2-37　新增对象

（3）添加工艺指令，如图 3-2-39 所示。

（4）编写 main 程序。程序段 1～程序段 13 如图 3-2-40～图 3-2-52 所示。

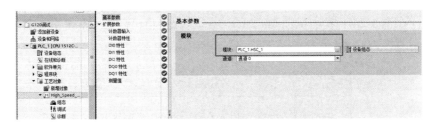

图 3-2-38　工艺对象的基本参数

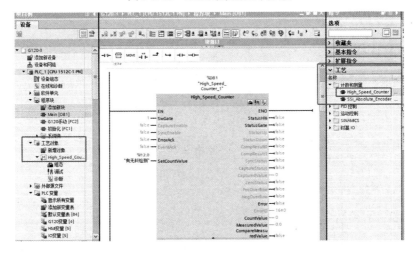

图 3-2-39　添加工艺指令

图 3-2-40　程序段 1

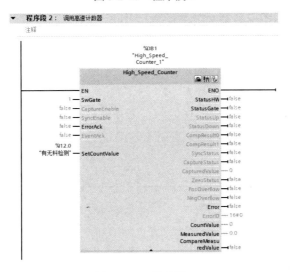

图 3-2-41　程序段 2

注意：在图 3-2-41 中，SetCountValue 为断电保持位；CountValue 为计数值。

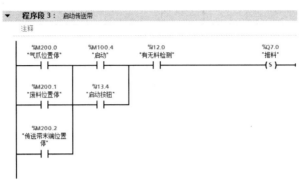

图 3-2-42　程序段 3

图 3-2-43　程序段 4

图 3-2-44　程序段 5

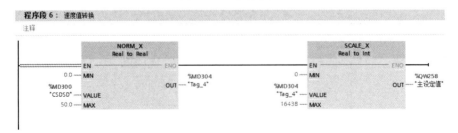

图 3-2-45　程序段 6

实际传送带的位置反馈公式和计算方法可参考 3.2.1 节的内容，参数需要自行调节。

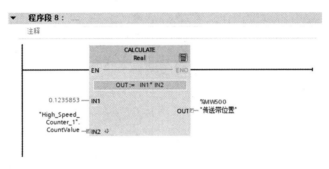

图 3-2-46　程序段 7

图 3-2-47　程序段 8

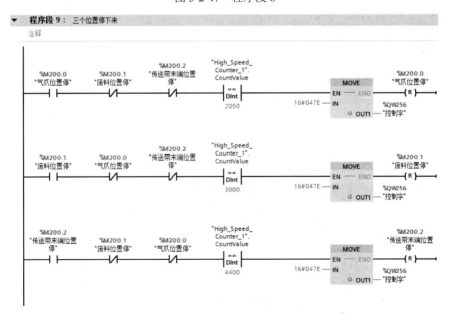

图 3-2-48　程序段 9

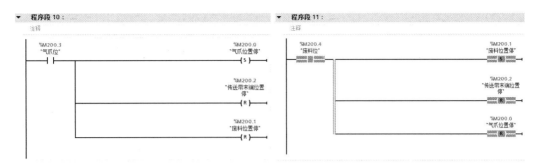

图 3-2-49　程序段 10　　　　　　　　　　　图 3-2-50　程序段 11

下面的程序用于获取传送带的脉冲数和传送带运行时间，其数据将通过 HMI 显示出来。

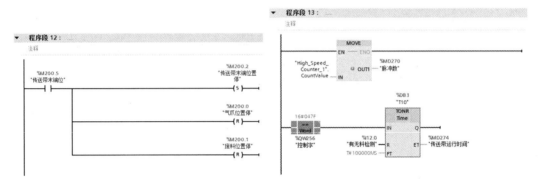

图 3-2-51　程序段 12　　　　　　　　　　　图 3-2-52　程序段 13

8）相关的触摸屏控制

触摸屏控制界面如图 3-2-53 所示。

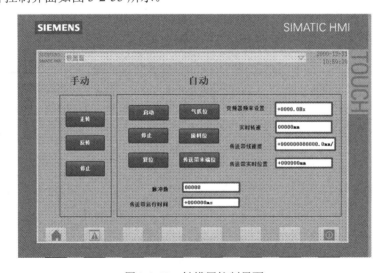

图 3-2-53　触摸屏控制界面

思考与练习

实训 3-2 G120 变频器控制传送带实验

工作任务	S7-1500 PLC 与 G120 变频器控制传送带运行		学习心得
注意事项	① 本实训台采用交流 380V 供电； ② 不能带电操作，在通电的情况下，不能进行接线、维护，不能触摸交流设备等		
学习目标	① 会进行 G120 的调试及使用； ② 能够利用 G120 变频器控制传送带运行； ③ 能够用人机界面控制传送带位置并进行位置反馈和速度设置		
器材检查	① 1 套 TIA V16 软件； ② 1 台 PLC 控制器，型号为 CPU 1512C-1 PN，订货号为 6ES7512-1CK01-0AB0； ③ 1 台变频器，型号为 SINAMICS G120C PN，配备 SINAMICS IOP-2 控制面板； ④ 1 台三相异步电机，参数为 25W、220/380V、0.12A、50Hz、1350rpm； ⑤ 1 块触摸屏，型号为 KTP900 Basic，订货号为 6AV2 123-2JB03-0AX0； ⑥ 所需的元器件、连接导线及工具；数字万用表一块；气源		
任务要求	① 在实验室的设备上完成 PLC、变频器、HMI 组态，并实现传送带的启动、停止、复位、正转、反转等功能； ② 能够控制传送带准确停在"气爪位""废料位""传送带末端位" 3 个不同的位置； ③ 能够在 HMI 触摸屏上进行传送带速度设置，反馈传送带的实际线速度，能够实时显示物件在传送带上的位置		
总结	请自行总结功能完成情况、功能改进及程序优化等方面		
评分	考核标准	权重	得分
	传送带的点动正转、反转、复位控制功能	30%	
	物料准确地停在 3 个位置	30%	
	在 HMI 触摸屏上进行传送带速度设置	10%	
	HMI 触摸屏反馈传送带的实际线速度	10%	
	HMI 触摸屏实时显示物件在传送带上的位置	10%	
	能够安全规范地操作	10%	
	总分	100%	

任务 3.3 V90 PTI 伺服电机调试

任务描述

伺服控制系统具有控制精度高的特点，特别适合应用在对位置控制精度要求高的场合。伺服电机不仅可以进行精确的速度控制，还可以进行角度和位置的控制。本任务通过 PLC 控制伺服电机，实现对位置的精确定位，同时可以反馈实时位置和速度。此系统应用了西门子系列 HMI 监控设备，对传送带进行启动、停止、复位等操作，并反馈实时位置和速度。

教学目标

知识目标	技能目标	素养目标
（1）认知伺服控制系统； （2）了解伺服电机的应用场合； （3）熟悉伺服电机的应用方法	（1）会进行伺服电机的组态，实现用 PLC 控制伺服电机的相关运动； （2）能够用人机界面控制伺服电机，进行对位置和速度的控制，并进行位置反馈和速度设置	（1）培养劳动意识和工程师的职业素养； （2）培养团队协作、沟通交流的能力； （3）培养学习新知识、新技能的能力

3.3.1 伺服控制系统的认知

伺服控制系统的产品主要包含伺服驱动器、伺服电机和相关检测传感器（如光电编码器、旋转编码器、光栅等）。伺服产品在我国是高科技产品，得到了广泛应用，其主要应用领域有机床、包装、纺织、电子设备和自动化生产线，其使用量超过了整个市场的一半，特别是在机床行业，伺服产品十分常见。

- 什么是伺服控制系统？

以物体的位置、方向、速度等为控制量，以跟踪输入给定值的变化为目的，所构成的自动闭环控制系统就是伺服控制系统。

- 伺服控制系统的组成。

伺服控制系统是具有负反馈的闭环自动控制系统，由控制器、伺服驱动器、伺服电机、机械平台和反馈装置组成。图 3-3-1 所示为一般工业用伺服控制系统的组成框图。

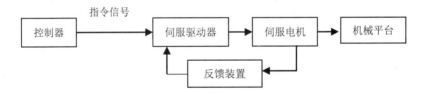

图 3-3-1　一般工业用伺服控制系统的组成框图

- 伺服控制系统与变频器的区别。

伺服控制系统与变频器的区别如表 3-3-1 所示。

表 3-3-1　伺服控制系统与变频器的区别

不同点	不同点描述
应用场合不同	伺服控制系统主要用于频繁启停、具有高速/高精度要求的场合； 变频器主要用于控制对象比较缓和的调速系统
控制方式不同	伺服控制系统是具有位置控制、速度控制及转矩控制方式的闭环系统； 变频器一般是具有速度控制方式的开环系统
性能表现不同	伺服系统控制比变频器控制精度高、低速转矩性能好
电机类型不同	伺服电机通常是交流同步电机，需要编码器，体积较小； 变频器一般使用交流异步电机，可以不用编码器，体积较大

3.3.2 系统硬件及系统构成

1. 伺服控制系统的构成

整个伺服控制系统主要由以下几个部分构成，如图 3-3-2 所示。图 3-3-3 所示为伺服控制系统执行机构。SINAMICS V90 伺服电机如图 3-3-4 所示。

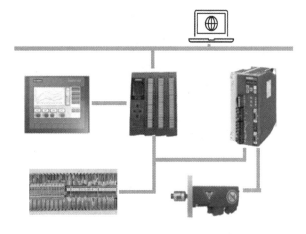

图 3-3-2　伺服控制系统构成

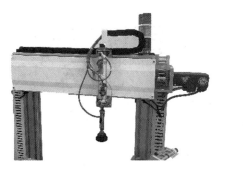
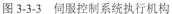

图 3-3-3　伺服控制系统执行机构

图 3-3-4　SINAMICS V90 伺服电机

（1）采用西门子 S7-1500 PLC 作为控制核心执行系统和用户程序，它也是设备层核心。

（2）采用工业用交换机实现 PLC、伺服电机、计算机间的通信。

（3）采用 V90 伺服驱动器驱动伺服电机运动。

（4）采用伺服电机作为伺服控制系统的执行元件，驱动丝杆直线运动。

（5）采用西门子精简系列 KTP900 Basic 触摸屏作为整个系统的人机操作界面，可以在 HMI 上进行控制操作及监控显示。

2. 主要软硬件配置

（1）1 套 TIA V16 软件。

（2）1 台 PLC 控制器，型号为 CPU 1512C-1 PN，订货号为 6ES7 512-1CK01-0AB0。

（3）1 台伺服驱动器，型号为 SINAMICS-V90-PN。

（4）1 台 SINAMICS 伺服电机。

（5）1 台触摸屏，型号为 KTP900 Basic，订货号为 6AV2 123-2JB03-0AX0。

3. 伺服电机的参数设定

驱动器提供位置、速度、扭矩 3 种基本操作模式，可以用单一控制模式，即固定为一种模式控制，也可选择用混合模式来进行控制。

3.3.3 PLC 控制 V90 伺服电机案例

1. 任务技术要求描述

（1）实现伺服电机的点动正转、反转、复位。

（2）实现伺服电机的定零点、回零点、启动和停止等功能。

（3）能够在取料位和 3 个槽位停下来。

（4）能够通过 HMI 设置速度和位置。

（5）能够正确显示伺服电机的速度并进行位置反馈。

（6）伺服控制界面如图 3-3-5 所示。

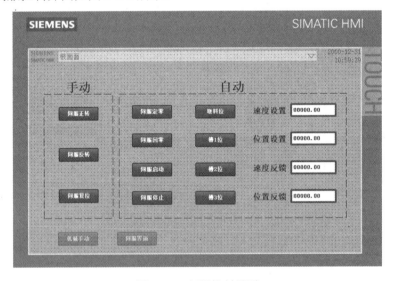

图 3-3-5 伺服控制界面

2. 程序设计与调试

① 添加伺服电机，新建一个 PLC 项目，依次单击"设备和网络"→"选项"→"目录"，添加 V90 伺服电机，如图 3-3-6 所示，这里用的是博途 V16 及西门子 1500PLC。

② 在 SINAMICS 中找到 ![SINAMICS V90 PN V1.0] 并添加。

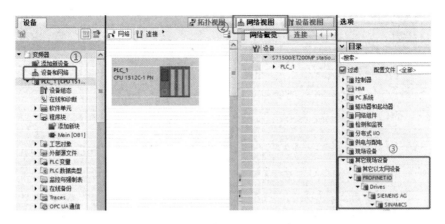

图 3-3-6 添加 V90 伺服电机

③ 单击"V90",单击"设备视图",在"模块"中添加"标准报文 3,PZD-5/9",如图 3-3-7 所示。

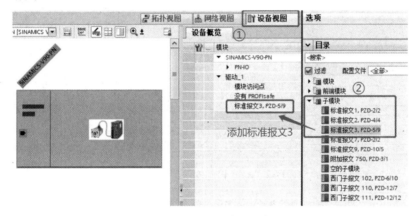

图 3-3-7 添加"标准报文 3,PZD-5/9"

④ 添加完报文后,单击"网络视图",如图 3-3-8 所示,将 V90 和 PLC 连接。

⑤ 单击"工艺对象"→"新增对象",选择"运动控制",并添加"TO_PositioningAxis",如图 3-3-9 所示。

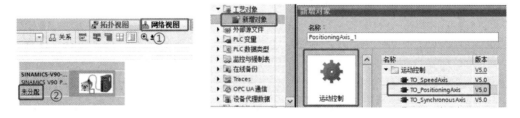

图 3-3-8 网络视图   图 3-3-9 新增对象:TO_PositioningAxis

⑥ 在工艺对象组态中,单击"驱动装置",把前面添加的"标准报文 3,PZD-5/9"添加进去;在与编码器进行数据交换时,勾选"运行过程中自动应用编码器值(在线)"复选框,如图 3-3-10 和图 3-3-11 所示。

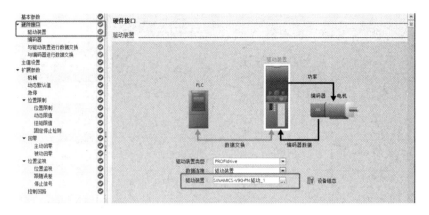

图 3-3-10　驱动装置

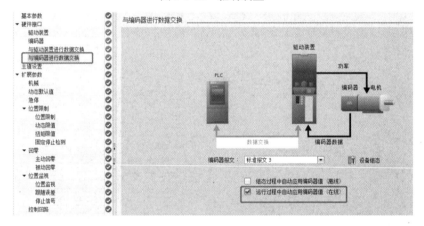

图 3-3-11　自动应用编码器值

⑦ 添加指令。在指令栏中找到"工艺"，选择"运动控制"，运动控制指令如图 3-3-12 所示，新建立相关变量，变量表如图 3-3-13 所示，调用功能指令后加载相关的变量控制，编程实现其功能并下载调试，程序设计如图 3-3-14 所示。

图 3-3-12　运动控制指令

PLC 变量

	名称	变量表	数据类型	地址
1	PositioningAxis_1_Actor_Interf...	默认变量表	"PD_TEL3_IN"	%I126.0
2	PositioningAxis_1_Actor_Interf...	默认变量表	"PD_TEL3_OUT"	%Q128.0
3	复位	默认变量表	Bool	%M100.0
4	伺服定零	默认变量表	Bool	%M110.0
5	轴	默认变量表	Bool	%M120.0
6	伺服正转	默认变量表	Bool	%M130.0
7	伺服反转	默认变量表	Bool	%M140.0
8	Tag_6	默认变量表	Bool	%M150.0
9	Tag_7	默认变量表	Bool	%M160.0
10	Y轴	默认变量表	Real	%MD100
11	Y速度	默认变量表	Real	%MD110
12	Y手动速度	默认变量表	Real	%MD120
13	伺服回零	默认变量表	Bool	%M170.0
14	回零	默认变量表	Bool	%M180.0
15	到零	默认变量表	Bool	%M190.0
16	伺服停止	默认变量表	Bool	%M200.0
17	速度反馈	默认变量表	LReal	%M100.0
18	取料位	HMI	Bool	%M620.0
19	取料位停	HMI	Bool	%M630.0
20	槽一位	HMI	Bool	%M640.0
21	槽一位停	HMI	Bool	%M650.0
22	槽二位	HMI	Bool	%M660.0
23	槽二位停	HMI	Bool	%M670.0
24	槽三位	HMI	Bool	%M700.0
25	槽三位停	HMI	Bool	%M710.0
26	启动	默认变量表	Bool	%M800.0

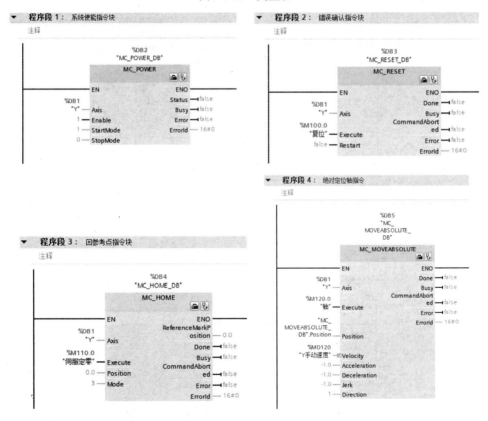

图 3-3-13　变量表

图 3-3-14　程序设计

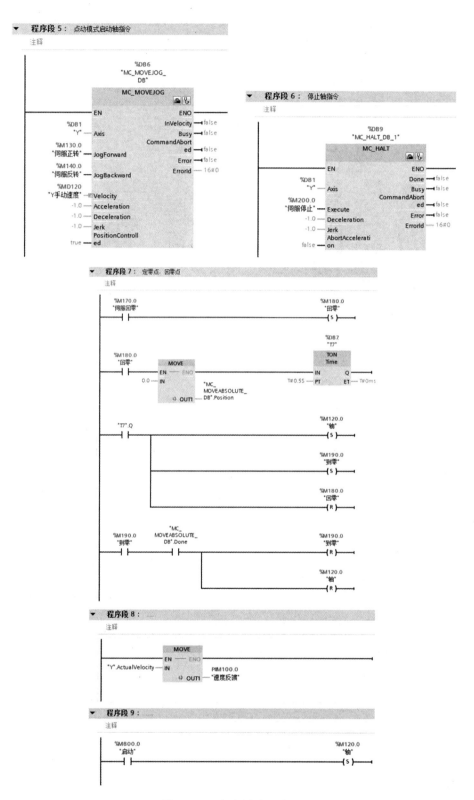

图 3-3-14　程序设计（续）

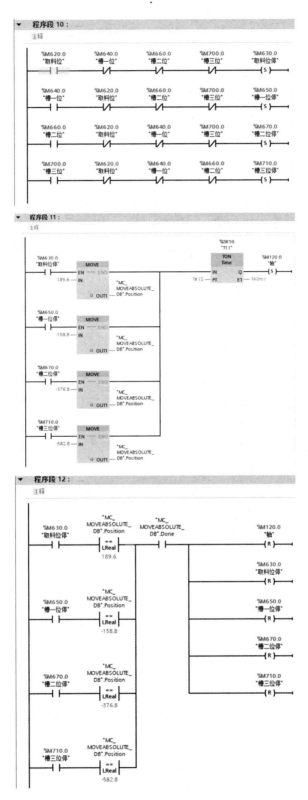

图 3-3-14 程序设计（续）

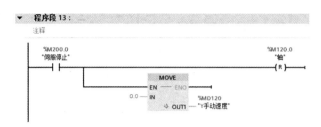

图 3-3-14 程序设计（续）

思考与练习

实训 3-3 V90 伺服电机调试与应用实验

工作任务	V90 伺服电机调试与应用实验			学习心得
注意事项	① 本实训台采用交流 380V 供电； ② 不能带电操作，在通电的情况下，不能进行接线、维护，不能触摸交流设备等			
学习目标	① 会使用 V90 伺服电机控制相关丝杆机构实现直线运动； ② 会使用 V90 伺服电机进行速度控制和位置反馈			
器材检查	自动化生产线实训设备 1 套，包含： ① 1 套 TIA V16 软件； ② 1 台 PLC 控制器，型号为 CPU 1512C-1 PN，订货号为 6ES7 512-1CK01-0AB0； ③ 1 台伺服驱动器，型号为 SINAMICS-V90-PN； ④ 1 台 SINAMICS 伺服电机； ⑤ 1 台触摸屏，型号为 KTP900 Basic，订货号为 6AV2 123-2JB03-0AX0			
任务要求	① 实现伺服电机的点动正转、反转、复位； ② 实现伺服电机的定零点、回零点、启动和停止等功能； ③ 能够在取料位和 3 个槽位停下来； ④ 能够通过 HMI 设置速度和位置； ⑤ 能够正确显示伺服电机的速度并进行位置反馈； ⑥ 实现具体的人机控制功能及正确显示相关的数据			
总结	请自行总结功能完成情况、功能改进及程序优化等方面			
评分	考核标准	权重	得分	
	伺服电机的点动正转、反转、复位控制功能	30%		
	伺服驱动的丝杆能够准确地停在 4 个位置上	40%		
	在 HMI 触摸屏上进行伺服电机的速度设置和位置反馈	10%		
	HMI 触摸屏可以进行速度和位置的设定	10%		
	能够安全规范地操作	10%		
	总分	100%		

项目 4

数字孪生技术在自动化生产线的应用

 任务描述

对于虚拟调试而言，早期可以进行故障排除，缩短调试时间，减少对硬件的损害，缩短自动化生产线的生产调试时间。下面介绍利用数字孪生技术进行自动化生产线虚拟调试的方法及虚实联调技术。

教学目标

知识目标	技能目标	素养目标
（1）知道数字孪生技术的概念； （2）了解数字孪生技术的应用场合； （3）熟悉虚拟仿真技术在自动化生产线中的应用； （4）熟悉虚实联调技术	（1）会进行虚拟调试； （2）能够用虚拟调试结果验证及修正实体设备的设计缺陷	（1）培养劳动意识和工程师的职业素养； （2）培养团队协作、沟通交流的能力； （3）培养学习新知识、新技能的能力

任务 4.1　数字孪生技术概述

数字孪生，即"Digital Twin"，是基于工业数字化的新概念，即在虚拟环境下应用数字化技术创建实体设备的虚拟模型，借助运行时参数模拟实体设备在现实环境中的数据和行为，从而达到虚实结合，完整展示自动化生产线设备的功能效果。

NX 12.0 软件中的 MCD（Mechatronics Concept Design，机电产品概念设计模块）提供了机电设备设计过程中的硬件在环仿真调试技术，由于这种调试采用虚拟设备与实际 PLC 联调，因此它为我们的机电一体化设计带来了更可靠的调试验证手段和直观的仿真效果,调试方式的丰富性及建模设计过程中的可扩展性大大扩展了这款软件的使用范围。

1. 信号简介

在 NX 12.0 的 MCD 模块环境中,基本机电对象的参数都可转为信号并通过 MCD 环境与外界信息连接交互。"信号"对话框如图 4-1-1 所示。

目前,MCD 信号与外界信号的连接支持协议有 OPC DA、OPC UA、SHM、MATLAB、PLCSIM Adv、TCP、UDP、PROFINET 等。

信号有输入信号和输出信号两种类型,输入信号是指从外部环境输入 MCD 的信号,如 PLC 控制 MCD 的运动的信号;输出信号指的是从 MCD 输出到外部环境的信号,如 MCD 的传感器反馈给 PLC 的信号。

注:不同信号的名称不能相同。

图 4-1-1 "信号"对话框

2. 信号适配器

信号适配器的作用是通过对数据进行判断或处理,为基本机电对象提供信号,以支持对运动或行为的控制,其信号能够输出到外界或其他基本机电对象中。"信号适配器"对话框如图 4-1-2 所示。

图 4-1-2 "信号适配器"对话框

3．符号表

符号表用来创建或导入用于信号命名的符号，可以从外部符号表文件（如 STEP7、TIA Portal）或 Teamcenter 字典中导入"asc""txt""xlsx"格式的符号表。"符号表"对话框和"导入符号表"对话框如图 4-1-3 所示。

（1）导入符号的状态。

初步对导入文件的信号与 MCD 模型中存在的信号进行以下检查。

① 若 MCD 模型中没有与即将导入的新信号相同的旧信号，则新建这些新信号。

② 若 MCD 模型中存在与即将导入的新信号相同的旧信号，则用户需要进一步处理新旧信号之间的冲突。

（2）冲突处理。

① 若选择导入符号中的所有冲突符号，则导入符号表覆盖现有符号列表。

② 若放弃导入符号中的所有冲突符号，则冲突符号不被导入。

③ 若逐一手动处理，则用户需要自行处理冲突符号。

图 4-1-3 "符号表"对话框和"导入符号表"对话框

4．外部信号配置

MCD 与外部连接支持多种通信协议，下面着重介绍 MCD 通过 TIA + PLCSIM Advanced（SOFTUBS）软件通信协议搭建一个软件在环的虚拟调试平台。

整个环境由两部分组成：虚拟 PLC 和 MCD。虚拟 PLC 和博途 TIA 软件用来处理程序及运行逻辑，模拟实体设备的 I/O 信号；MCD 用来展示数字化的实体设备模型并进行仿真运行，MCD 通过 PLCSIM Advanced 提供的接口与虚拟 PLC 进行通信。"外部信号配置"对话框如图 4-1-4 所示。

注：软件 PLCSIM Adv 和博途 TIA 软件需要安装在同一台计算机或虚拟机上。

打开"外部信号配置"对话框，选择"PLCSIM Adv"，单击"刷新注册实例"，在"显示"栏选择"IOMDB"，勾选"全选"复选框，如图 4-1-5 所示。

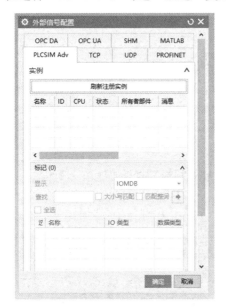

图 4-1-4 "外部信号配置"对话框

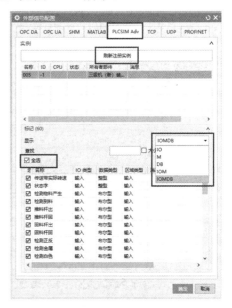

图 4-1-5 设置"外部信号配置"对话框

任务 4.2 虚拟仿真调试设置

虚拟仿真设备要实现机械动作的仿真，首先需要将 PLC 程序下载到虚拟 PLC 控制器中，然后将 PLC 输入/输出信号与 MCD 信号进行对接通信，才能使用 PLC 输出信号驱动 MCD 的各类执行机构动作，实现虚拟仿真运动。PLC 与 MCD 的联结桥梁就是 S7-PLCSIM Advanced V3.0 软件。

PLCSIM Advanced 对象可以在仿真模型和 PLC 之间交换数据。要使用 PLCSIM Advanced 接口对象，可以使用 TIA Portal 中的 STEP7 配置 CPU，对应用程序逻辑进行编程，将硬件配置和程序加载到虚拟控制器中，运行程序，观察仿真效果，对程序进行验证和优化，下面进行仿真功能调试。

① 打开 S7-PLCSIM Advanced V3.0 软件，如图 4-2-1 所示，选择"PLCSIM"，单击"Start Virtual S7-1500 PLC"，在"Instance name"文本框中输入自定义名称。在下面的"Active PLC Instance(s)"中会出现一个新的 Instance，相当于一个虚拟 PLC。

② 在"TIA V16"中选中新建的 PLC 程序，如图 4-2-2 所示，单击下载控件" "，会出现如图 4-2-3 所示的"下载预览"对话框，单击"装载"按钮，如图 4-2-4 所示，单击"完成"按钮，在 PLC 编程界面中会出现如图 4-2-5 所示的 TIA V16 下载成功提示。

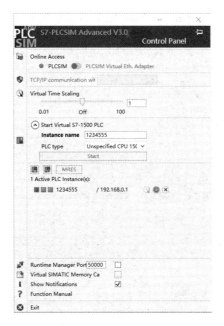

图 4-2-1 S7-PLCSIM Advanced V3.0 设置

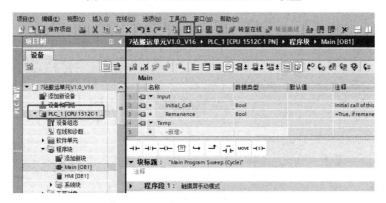

图 4-2-2 将 TIA V16 程序下载至仿真器

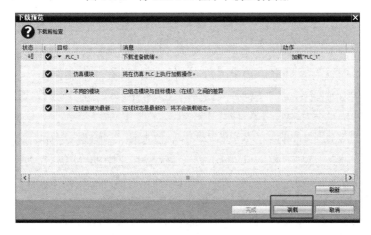

图 4-2-3 "下载预览"对话框

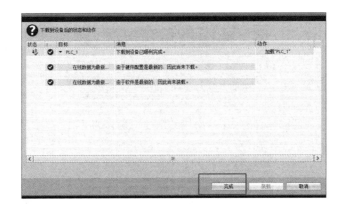

图 4-2-4　单击"完成"按钮

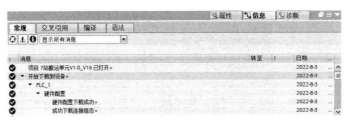

图 4-2-5　TIA V16 下载成功提示

③ 打开 NX 12.0 软件，进入"应用模块"，如图 4-2-6 所示。

图 4-2-6　进入"应用模块"

④ 如图 4-2-7 所示，单击"主页"，单击下拉按钮"　　"，选择"外部信号配置"，进入"外部信号配置"对话框，选中"PLCSIM Adv"，在"刷新注册实例"中显示刚才 TIA V16 下载的实例程序，在"显示"下选择"IOMDB"，勾选"全选"复选框，单击"确定"按钮，将外部信号下载到 NX 12.0 中。

⑤ 如图 4-2-8 所示，单击"主页"，单击下拉按钮"　　"，选择"信号映射"，进入"信号映射"对话框，选中"PLCSIM Adv"，选择刚才选中的"PLCSIMAdv 实例"，这里会自动显示刚才在 TIA V16 下载的"PLCSIMAdv"实例，左边是 MCD 信号，右边的外部信号是 PLC 信号，单击"执行自动映射"会出现映射的信号。"→"指的是 MCD 输出的信号，对接 PLC 的输入信号，用来反馈 PLC 接收 MCD 仿真设备的位置、速度等运动状态；"←"指的是 MCD 的输入信号，对接 PLC 的输出信号，用于 PLC 控制仿真

设备的各种气缸电机等。信号已经设置好，如果两个名称不一样的信号需要对接，那么需要手动进行信号联结，方法是选中左右两边需要对接的信号，单击中间的"⇌"，就会在映射的信号下面出现联结成功的提示，设置好后，单击"确定"按钮。

图 4-2-7　"外部信号配置"对话框

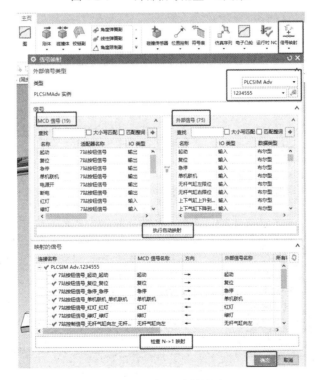

图 4-2-8　信号映射设置

⑥ 最后，在 NX 12.0 软件的 MCD 中单击"▶ ■"，仿真开始，如图 4-2-9 所示，就可以进行程序功能调试了。

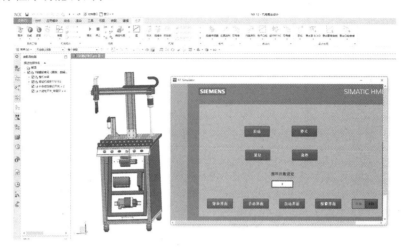

图 4-2-9　仿真开始

任务 4.3　虚实联调技术

虚拟调试成功后进行实体调试，验证程序的实体运行效果。下面介绍通过 OPC UA 服务器与 MCD 进行虚实联调的方法。

（1）打开 TIA V16 软件，创建 PLC 项目，打开"项目视图"，创建与进入项目，如图 4-3-1 所示，单击"添加新设备"选择控制器，如图 4-3-2 所示，右击文件，在弹出的快捷菜单中选择"属性"，单击"保护"，并勾选"块编译时支持仿真。"复选框，如图 4-3-3 所示。添加变量表，如图 4-3-4 所示。

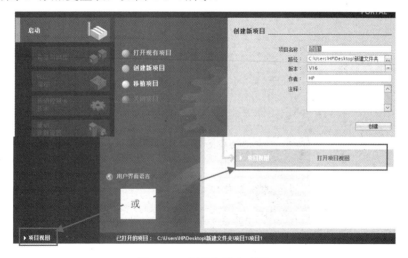

图 4-3-1　创建与进入项目

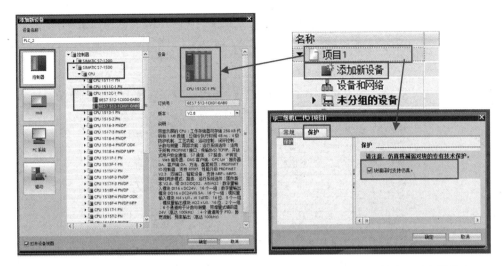

图 4-3-2　添加新设备　　　　　　　　　图 4-3-3　勾选"块编译时支持仿真。"

（2）双击"设备组态"，如图 4-3-5 所示，在弹出的窗口中选择"常规"，单击"OPC UA"，激活 OPC UA 服务器，如图 4-3-6 所示，记住此处的 OPC UA 服务器地址，单击"运行系统许可证"，选择"购买的许可证类型"，如图 4-3-7 所示。

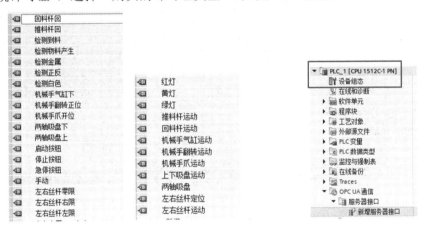

图 4-3-4　添加变量表　　　　　　　　　图 4-3-5　双击"设备组态"

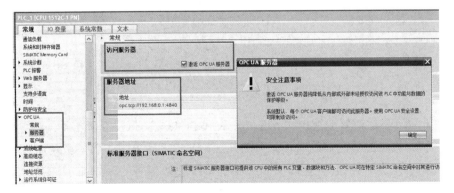

图 4-3-6　激活 OPC UA 服务器

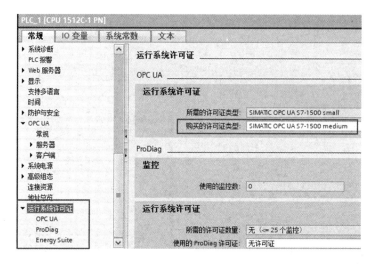

图 4-3-7　选择"购买的许可证类型"

（3）依次单击"OPC UA 通信"→"服务器接口"→"新增服务器接口"，如图 4-3-8 所示。将 PLC 变量表里需要连接的变量复制到"服务器接口"，如图 4-3-9 所示。

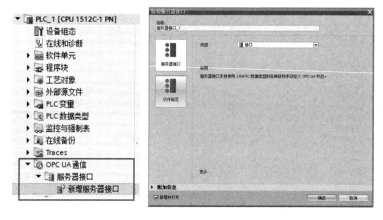

图 4-3-8　新增服务器接口

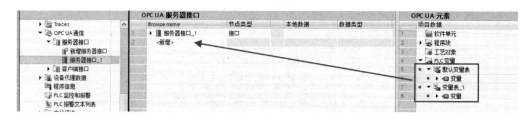

图 4-3-9　复制变量

（4）打开"外部信号配置"对话框，选择"OPC UA"，单击新增符号，新增 OPC UA 服务器，输入设备组态的 OPC UA 服务器地址，并按下回车键，选择前缀含"None"的一行，单击"确定"按钮即可在 MCD 中添加 OPC UA 服务器，如图 4-3-10 所示。

图 4-3-10　在 MCD 中添加 OPC UA 服务器

（5）单击已添加的 OPC UA 服务器，单击服务器接口，勾选"全选"复选框，单击"确定"按钮，打开"信号映射"对话框，选择 OPC UA 类型，选择所需的 OPC UA 服务器，单击"执行自动映射"按钮，系统将把名称相同及方向相反的变量自动连接，如图 4-3-11 所示，单击"确定"按钮，单击 MCD 界面的播放按钮，即可观察运行过程。

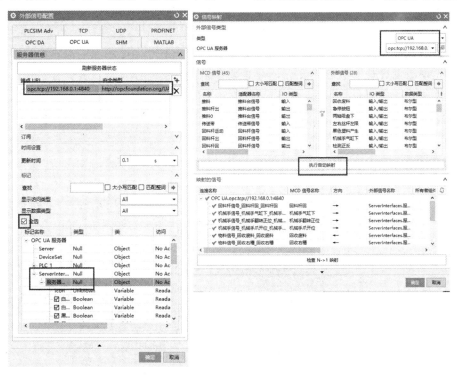

图 4-3-11　信号映射

项目 5

典型自动化生产线组成单元设计与调试

任务 5.1　搬运单元设计与调试

任务描述

在自动化生产线中有大量的物件搬运过程，本任务通过对搬运单元的机械结构功能分析、气动控制设计、电气系统设计及其编程调试过程进行演示，展现自动化生产线中经典的安装搬运过程。

教学目标

知识目标	技能目标	素养目标
（1）熟悉搬运单元的机械结构功能； （2）熟悉气动控制系统的设计方法； （3）熟悉搬运单元电气控制系统的设计方法； （4）熟悉数字孪生虚拟调试技术	（1）能进行搬运单元设备机械结构的检修与维护； （2）能够正确进行气动控制分析并能检修与维护； （3）能够进行搬运单元的电气系统和磁感应式接近开关的安装与调试； （4）能够进行虚拟仿真调试，实现对搬运单元的控制	（1）培养学生查阅手册、自主学习的能力； （2）养成学生自我学习、终身学习的行为习惯； （3）培养学生对知识技能的深入探究精神； （4）培养学生的信息化、数字化能力； （5）培养学生的设计思维和动手能力

5.1.1　搬运单元机械结构与功能分析

搬运单元是具有 3 个自由度柔性配置的实验搬运装置，其作用是将自动化生产线中前一单元的工作搬运到后一单元的输入工位中，可用于模拟实际生产线中产品的搬运输送过程及工件的安装过程，搬运单元的结构图如图 5-1-1 所示，其中，气动控制部分在实物图中是安装在实验台架上的。搬运单元机械结构主要由台架部分、I/O 转接端口模块、操作面板、气动控制模块、提取模块、搬运模块、滑动模块、电源指示灯模块等组成。下面介绍几种模块和组件的结构及功能。

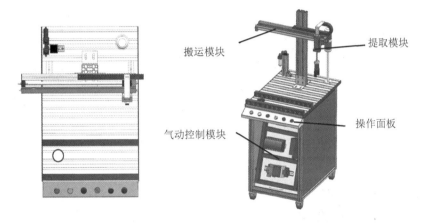

图 5-1-1　搬运单元的结构图

（1）提取模块主要由气动手爪、薄型单活塞杆防转气缸组成，如图 5-1-2 所示。气动手爪是用于进行夹取工作的执行机械，在气动手爪上安装有磁感应式接近开关，用于实现对夹紧到位和松开到位的动作检测。薄型单活塞杆防转气缸是活塞杆不回转的矩形双作用气缸，用于气动手爪机构的提升与下降，在薄型单活塞杆防转气缸的两个行程的极限位置安装有磁感应式接近开关，用于判断是否运行到两个极限位置。

（2）滑动模块主要由两个磁性耦合式无杆气缸组成，如图 5-1-3 所示，用于实现长距离的搬运，在长距离的无杆气缸中安装了两个磁感应式接近开关，可以实现左右两边限位。

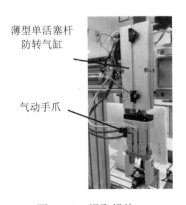

图 5-1-2　提取模块

图 5-1-3　滑动模块

（3）操作面板如图 5-1-4 所示。在操作面板上有启动按钮、复位按钮、单机/联机开关、急停按钮、上电按钮及电源开关。其中，急停按钮用于设备急停操作；将电源开关旋钮松开后，按下上电按钮，电源启动。单机/联机开关用于单机运行和联机运行的切换；急停按钮用于在系统出现故障时紧急停止设备。

图 5-1-4　操作面板

（4）气动控制模块由气压三联件、电磁阀岛及气管等组成，实现对各类气缸的气动控制，如图 5-1-5 所示。气压三联件实现气压调节、过滤、净化空气及单向控制。可以通过上面的旋钮实现气压调节，一般将气压调至 0.3～0.6MPa。电磁阀岛含一个二位五通双电控电磁阀，用于控制提取模块的上升与下降。三位五通双电控电磁阀用于控制长距离无杆气缸的左行和右行。气动手爪由两位五通单电控电磁阀控制。

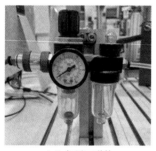
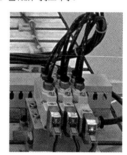

（a）气压三联件　　　　　　　　（b）电磁阀岛

图 5-1-5　气动控制模块

（5）电源指示灯模块如图 5-1-6 所示，由红灯和绿灯组成，红灯用于停止和故障显示，绿灯用于显示设备正常运行。红灯闪烁一般用于故障指示，绿灯闪烁可用于显示设备处于复位状态中。

5.1.2　搬运单元气动控制系统设计与调试

前面已经对气动控制模块的机械结构进行了分析，图 5-1-7 所示为搬运单元气动控制原理图。在搬运单元气动控制回路中，外部气源经过过滤减压阀处理后，经过汇流板分流到各气动控制回路中。

图 5-1-6　电源指示灯模块

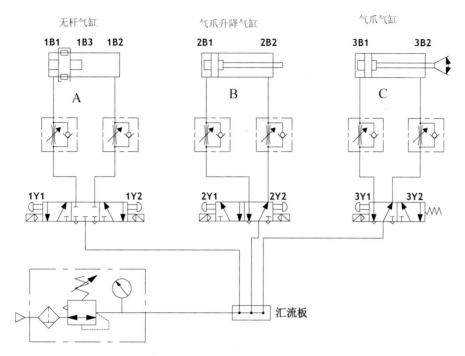

图 5-1-7　搬运单元气动控制原理图

在图 5-1-7 中，A 为无杆气缸长距离搬运气动控制回路，主要由三位五通双电控电磁阀控制，电磁阀通过对气流流入方向和流出方向进行控制来实现无杆气缸的左行和右行。可以通过调节单向节流阀来调节无杆气缸滑块左右滑动的运行速度；1Y1、1Y2 分别为控制无杆气缸滑块左右滑动的电磁阀的电信号控制端；1B1、1B2 分别控制左右滑动的位置，由两个磁感应式接近开关实现到位检测。

在图 5-1-7 中，B 为薄型单活塞杆防转气缸气动控制回路，由二位五通双电控电磁阀实现提取模块的上升和下降。双电控电磁阀都有自保持功能，以单向节流阀来调节薄型单活塞杆防转气缸的上升和下降速度；2Y1 和 2Y2 为控制薄型单活塞杆防转气缸上升和下降的电磁阀的电信号控制端；2B1 和 2B2 分别为安装在薄型单活塞杆防转气缸缩回到位（上升到位）和伸出到位（下降到位）极限位置上的两个磁感应式接近开关，用于对极限位置进行检测。

在图 5-1-7 中，C 为气动手爪气动控制回路，由二位五通单电控电磁阀控制，作为换向阀，实现气动手爪的夹紧和松开动作，实现物件的抓取和松开动作。单向节流阀可以调节气动手爪的速度；3Y1 和 3Y2 为控制气动手爪电磁阀的电信号控制端；3B1 和 3B2 分别为安装在气动手爪夹紧和松开两个极限位置处的磁感应式接近开关，用于夹紧和松开到位的检测。这里要注意，气动手爪用的是单电控电磁阀，所以需要注意，断电时，气动手爪应处于松开状态，以防工件坠落。

依据图 5-1-7 进行搬运单元气动控制回路的线路连接，搬运单元电磁阀岛实物图如图 5-1-8 所示。

图 5-1-8　搬运单元电磁阀岛实物图

具体的安装过程如下。

首先将气泵气源输出快速接头与过滤减压阀的气源输入快速接头连接；其次将过滤减压阀的气源输出快速接头与 CP 电磁阀岛上的汇流板和气源输入快速接头连接；最后将汇流板上的无杆气缸、薄型单活塞杆防转气缸、气动手爪电磁阀上的快速接头分别用气管连接到这些气缸节流阀的快速接头上。在连接过程中需要注意气管一定要完全插到快速接头中，以保证气管不漏气，可以轻轻拉拔各连接位置的气管，测试气管是否安装牢靠。

在搬运单元气动控制回路安装好后，为了确保执行元件能够满足工作需要并良好运行，需要对气动控制回路进行调试和检修，具体方法如下。

① 检查漏气情况，在接通气源前，先用手轻轻拉拔各快速接头处的气管，确认各管路中不存在气管未插好的情况。

注意：要将调节各执行元件速度的节流阀的开度调到最小，如图 5-1-9（a）所示，避免气源接通后各执行元件突然动作而产生较大冲击，导致设备或人员发生事故。

② 打开气泵，接通气源，将气源处理装置的压力调节手柄向上提起，顺时针或逆时针慢慢转动压力调节手柄，观察压力表，待压力表的气压指针指在 0.5MPa 左右时，压下压力调节手柄锁紧。

注意：切忌过度转动压力调节手柄，以防其损坏或压力突然升高。

③ 检查气动控制回路的气密性，观察气动控制回路中是否存在漏气，若有漏气的情况，则根据响声找出漏气的位置及漏气原因。

注意：若是由气管破损或气动元件损坏导致漏气的，则更换气管或气动元件；若是由没有插好气管导致漏气的，则重新插好气管。

④ 气缸速度与方向的调试：如图 5-1-9（b）所示，轻轻转动节流阀上的调节旋钮，逐渐打开节流阀的开度，确保输出气流能使无杆气缸的滑块平稳滑动，以无杆气缸的滑块运行无冲击、无卡滞为宜，锁紧节流阀的调节旋钮。当控制无杆气缸滑块左滑动的电磁阀手控旋钮旋到 LOCK（锁定）位时，无杆气缸的滑块应向左滑动。

注意：电磁阀手控旋钮有 LOCK（锁定）和 PUSH（开启）2 种。手控旋钮应处于开启位置。调试时，用小一字螺钉旋具轻轻把手控旋钮旋到 LOCK 位，手控旋钮就会保持凹陷的状态，不可继续旋紧，以免损坏节流阀。还要注意旋动手控旋钮的力度不宜过大，否则很容易使其损坏。

旋转此处旋钮，实现对无杆气缸速度的控制

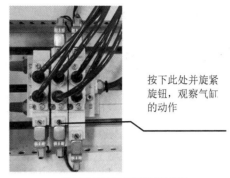

按下此处并旋紧旋钮，观察气缸的动作

（a）无杆气缸速度调试示意图　　　　　　（b）无杆气缸方向调试示意图

图 5-1-9　无杆气缸速度与方向的调试示意图

5.1.3　搬运单元电气控制系统设计与调试

搬运单元中的电气控制系统主要安装在电气控制模块上。电气控制模块主要由电源区、PLC 区、I/O 转换区等部分组成，输入电源为 220V，输出电源为 DC24V，为 PLC 区和 I/O 转换区提供直流 24V 电源。同时，电源系统配置了常闭旋钮，用于故障停电，还专门设置了电源开启按钮。本书统一采用西门子 S7-1500 系统的 PLC，型号为 CPU 1512C-1 PN，订货号为 6ES7 512-1CK01-0AB0；开发软件为 TIA V16。

为了检测各气缸的行程位置，在本单元中均采用磁感应式接近开关进行无杆气缸、气动手爪及升降气缸运动位置的限位检测。磁感应式接近开关为双线制传感器，引出蓝色信号线和棕色电源线用于连接。磁感应式接近开关的工作原理：当有磁性物质接近时，磁感应式接近开关便会动作，并输出信号。若在气缸的活塞（或活塞杆）上安装磁性物质，在气缸缸筒外面的两端各安装一个磁感应式接近开关，就可以用这两个磁感应式接近开关分别标识气缸运动的两个极限位置。气缸的活塞杆运动到哪一端，哪一端的磁感应式接近开关就会动作并发出电信号。在 PLC 的自动控制中，可以利用该信号判断升降气缸及搬运气缸的运动状态和所处的位置，以确定工件是否被推出或气缸是否返回。在磁感应式接近开关上设置有 LED 显示灯，用于显示它的信号状态，供调试时使用。当磁感应式接近开关动作时，输出信号"1"，LED 亮；当磁感应式接近开关不动作时，输出信号"0"，LED 不亮。图 5-1-10 所示为磁感应式接近开关的调试方法。

本单元采用电磁阀控制各气缸的气动控制回路换向，通过电磁阀线圈电源线（一端是分开的红色信号线和黑色接地线，另一端是插头）控制其线圈的得电和失电，从而控制各个气缸的气动控制回路换向。电磁阀线圈的控制信号需要电气控制系统提供。

根据机械结构功能分析，结合电气控制系统设计，设计出 I/O 分配方案，如表 5-1-1 所示。

松开磁感应式接近开关的紧锁螺栓，让其沿着气缸滑动，到达定位位置后：

（1）若 LED 灯亮，则将螺栓锁紧。

（2）若 LED 灯不亮，则检查其接线是否正确；若其接线无误，则该磁感应式接近开关损坏，应更换。

图 5-1-10　磁感应式接近开关的调试方法

表 5-1-1　I/O 分配方案

I/O 分配	输入点分配	I0.0～I0.3 输入端口被分配给各单元的操作面板上的按钮使用，共 4 个点；I0.4～I1.1 被分配给传感器使用，共 6 个点
	输出点分配	Q0.0～Q0.6 输出端口被分配给各工作台面上设备的输出信号使用，用于控制指示灯和各类气缸的动作，共 7 个点
	备用点分配	PLC 的 I1.5～I1.7 输入端口、Q0.7～Q1.7 输出端口被分配给各单元的 I/O 通信转换模块使用，并供系统扩充备用

设计好 I/O 分配方案后，可以进行具体 I/O 地址分配，表 5-1-2 所示为搬运单元的 PLC 的 I/O 地址分配表。

表 5-1-2　搬运单元的 PLC 的 I/O 地址分配表

序号	地址	符号	名称	功能
1	I0.0	SB1	按钮	启动
2	I0.1	SB2	按钮	复位
3	I0.2	SB3	按钮	急停
4	I0.3	SA	开关	单机/联机
5	I0.4	1B1	磁感应式接近开关	无杆气缸左限位
6	I0.5	1B2	磁感应式接近开关	无杆气缸右限位
7	I0.6	2B1	磁感应式接近开关	气爪上下气缸上升到位
8	I0.7	2B2	磁感应式接近开关	气爪上下气缸下降到位
9	I1.0	3B1	磁感应式接近开关	夹爪气缸夹紧到位
10	I1.1	3B2	磁感应式接近开关	夹爪气缸松开到位
11	Q0.0	HL1	LED 灯泡	红灯
12	Q0.1	HL2	LED 灯泡	绿灯
13	Q0.2	1Y1	电磁阀	无杆气缸向左
14	Q0.3	1Y2	电磁阀	无杆气缸向右
15	Q0.4	2Y1	电磁阀	气爪升降气缸上升
16	Q0.5	2Y2	电磁阀	气爪升降气缸下降
17	Q0.6	3Y1	电磁阀	夹爪气缸夹紧

表 5-1-2 中的输入端口包括按钮、开关、各种传感器的输入端口，输出端口主要用于

连接气缸、电机等执行元件的输出端口。其中，3 种气缸的限位检测均采用磁感应式接近开关。

输入端口中用于传感器输入的有 6 个点，用于按钮开关输入的有 6 个点，电磁阀电信号连接的输出点有 5 个。图 5-1-11 所示为搬运单元的 PLC 的 I/O 接线图。

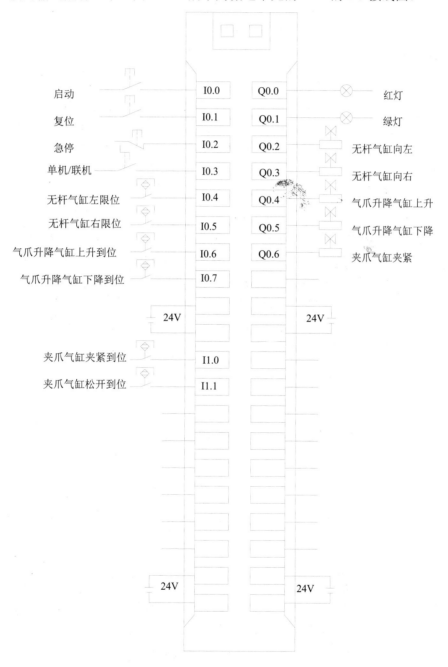

图 5-1-11　搬运单元的 PLC 的 I/O 接线图

电气控制系统主要进行磁感应式接近开关、电磁阀、控制面板的检修和维护。控制面板上是按钮和开关，主要检查其线路的接线情况、线头是否脱落、接线是否正确等，同时检测机械结构是否损坏，是否需要更换。需要注意的是，不能让双电控电磁阀的两个线圈同时得电，否则会烧坏电磁阀线圈。

5.1.4　搬运单元控制功能程序设计与调试

1. 控制工艺要求

通过前面对设备的机械结构与功能、搬运单元的机械设备运行特点进行生产工艺分析，在考虑程序的功能性的同时，还要考虑程序执行后的安全性、稳定性及运行效率，设计出可靠性高、安全性高的程序。搬运单元控制工艺流程的要求如下。

1）HIM 触摸屏控制功能要求

触摸屏应该设置 4 个界面：登录界面、手动界面、自动界面、报警界面，对各个界面的表述如下。

① 登录界面：可以设置账户登录和注销，自行设置账户名和密码。

② 手动界面：可以手动控制每个输出的动作，按下一次执行动作，再次按下回到初始状态，如红灯，按一次亮，按两次灭；单作用气缸（如推料气缸），按一次推出物料，再按一次缩回；双作用气缸控制的动作具有自保持功能，只需要按一次即可。

③ 自动界面：具备每个按钮和开关的功能，详见 I/O 地址分配表；可以通过"单机/联机"开关进行自动单周期和自动循环模式的切换；在联机模式下能够进行搬运任务的设定，默认为 3 次。

④ 报警界面：能够对设备不在初始状态进行错误报警，并对已经完成的搬运任务进行报警提示。

2）系统初始化

设备上电后，在自动模式下，按下复位按钮后，进行初始化操作：无杆气缸的滑块处于左限位，夹爪气缸处于张开状态，气爪升降气缸处于上升状态。

3）系统运行过程

（1）按下复位按钮，系统检测是否处于初始状态，若不在初始状态，则回到初始状态。

（2）按下启动按钮，薄型单活塞杆防转气缸控制气动手爪下降，气动手爪夹紧，抓取工件。

（3）薄型单活塞杆防转气缸控制气动手爪上升，无杆气缸的滑块向右滑动；到达右限位后，薄型单活塞杆防转气缸控制气动手爪下降，气动手爪张开，释放工件。

（4）完成工件释放后，薄型单活塞杆防转气缸控制气动手爪上升，无杆气缸的滑块向左滑动，到达左限位后完成当前工作任务，回到初始状态。

（5）搬运单元有自动单周期、自动循环两种工作模式。无论在哪种工作模式的控制任务中，搬运单元都必须处于初始状态，否则不允许启动。

① 自动单周期模式：当设备满足启动条件后，按下启动按钮，按照控制任务要求开

始运行，完成一个周期后停止；再次按启动按钮，才进行新周期的运行。

② 自动循环模式：复位完成后，按下启动按钮，系统按控制任务要求完成整个运行过程，自动完成 HMI 触摸屏搬运任务要求的工件数目后回到初始状态。若需要开始新的搬运任务，则需要在复位后重新设置工件数目，按启动按钮重新启动设备搬运过程。按下停止按钮，搬运单元就不再执行新的工件搬运任务了，但要在完成当前任务后才停止运行。停止运行后，各执行机构应回到初始状态；若需要再次启动，则必须重新按下启动按钮。

4）系统正常停止

按下停止按钮，完成当前任务后，所有执行机构回到初始位置，系统停机。

5）系统急停

按下急停按钮，系统立刻停机，复位后方能启动。

6）系统指示灯

① 当系统不工作时，红灯常亮。

② 当系统不满足初始状态时，红灯闪烁。

③ 当系统运行时，绿灯常亮。

④ 当系统急停时，红灯以 2Hz 的频率闪烁。

通过以上分析，搬运单元控制工艺流程图如图 5-1-12 所示。

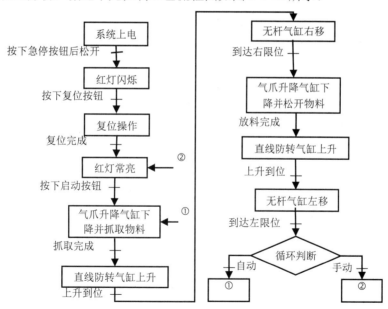

图 5-1-12 搬运单元控制工艺流程图

2. 程序设计

线性化编程是将整个用户程序都放在循环组织块 OB1（也就是主程序）中，CPU 循环扫描时依次执行 OB1 中的全部指令。线性化编程的特点是结构简单、不带分支，一个程序块包含系统的所有指令。由于所有指令都在 OB1 中，在循环扫描工作方式下，每个扫描周期都要扫描执行所有指令，即使某些代码在大多数时候并不需要执行，因此 CPU 效率低下。另外，如果需要多次执行相同或类似的操作，那么就需要重复编写相同或类似的程序。程序结构不清晰会造成管理和调试的不方便，因此建议在编写大型程序时尽量避免采用线性化编程。搬运单元的程序相对简单，搬运单元线性化编程的程序结构示意图如图 5-1-13 所示。

图 5-1-13 搬运单元线性化编程的程序结构示意图

1）设备组态

根据电气硬件设备的要求，对设备进行组态，搬运单元设备组态如图 5-1-14 所示。采用 PROFINET 接口通信，IP 地址分配如下。

PLC_1 [CPU 1512C-1 PN]：192.168.0.1；

HMI_1 [KTP900 Basic PN]：192.168.0.2。

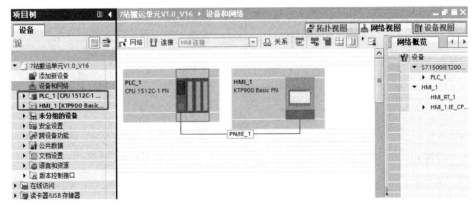

图 5-1-14 搬运单元设备组态

2）新建需要用的变量

HMI 关联变量最好单独新建数据块，名称为 HMI，搬运单元 HMI 关联变量如图 5-1-15 所示。HMI 关联变量单独新建数据块的好处在于不用分配地址。

根据搬运单元的 I/O 地址分配表，建立相应的 I/O 变量表，在"PLC 变量"中"添加新变量表"，名称为 Station_IOM，用于存储 IOM 等静态变量，搬运单元 IOM 变量如图 5-1-16 所示。

		名称	数据类...	起...	保持	从 HMI/OPC..	从 H...	在 HMI ...	设定值
		▼ Static							
1									
2		M_红灯	Bool	false	☐	☑	☑	☑	☐
3		M_绿灯	Bool	false	☐	☑	☑	☑	☐
4		M_气缸上	Bool	false	☐	☑	☑	☑	☐
5		M_气缸下	Bool	false	☐	☑	☑	☑	☐
6		M_气缸左	Bool	false	☐	☑	☑	☑	☐
7		M_气缸右	Bool	false	☐	☑	☑	☑	☐
8		M_气爪	Bool	false	☐	☑	☑	☑	☐
9		手动/自动	Bool	false	☐	☑	☑	☑	☐
10		A_起动	Bool	false	☐	☑	☑	☑	☐
11		A_复位	Bool	false	☐	☑	☑	☑	☐
12		A_急停	Bool	false	☐	☑	☑	☑	☐
13		A_停止	Bool	false	☐	☑	☑	☑	☐
14		A_循环次数...	Int	3	☐	☑	☑	☑	☐
15		A_单机/联机	Bool	false	☐	☑	☑	☑	☐

图 5-1-15 搬运单元 HMI 关联变量

		名称	数据类型	地址	保持	从 H...	从 H...	在 H...
1		起动	Bool	%I0.0	☐	☑	☑	☑
2		复位	Bool	%I0.1	☐	☑	☑	☑
3		急停	Bool	%I0.2	☐	☑	☑	☑
4		无杆气缸左限位	Bool	%I0.4	☐	☑	☑	☑
5		无杆气缸右限位	Bool	%I0.5	☐	☑	☑	☑
6		上下气缸上升到位	Bool	%I0.6	☐	☑	☑	☑
7		上下气缸下降到位	Bool	%I0.7	☐	☑	☑	☑
8		夹爪气缸夹紧到位	Bool	%I1.0	☐	☑	☑	☑
9		夹爪气缸松开到位	Bool	%I1.1	☐	☑	☑	☑
10		红灯	Bool	%Q0.0	☐	☑	☑	☑
11		绿灯	Bool	%Q0.1	☐	☑	☑	☑
12		无杆气缸向左	Bool	%Q0.2	☐	☑	☑	☑
13		无杆气缸向右	Bool	%Q0.3	☐	☑	☑	☑
14		上下气缸上升	Bool	%Q0.4	☐	☑	☑	☑
15		上下气缸下降	Bool	%Q0.5	☐	☑	☑	☑
16		夹爪气缸夹紧	Bool	%Q0.6	☐	☑	☑	☑
17		A_原点状态	Bool	%M10.0	☐	☑	☑	☑
18		A_初始化复位	Bool	%M10.1	☐	☑	☑	☑
19		A_自动运行状态	Bool	%M10.2	☐	☑	☑	☑
20		自动运行状态步	Int	%MW20	☐	☑	☑	☑
21		停止状态	Bool	%M10.3	☐	☑	☑	☑
22		急停状态	Bool	%M10.4	☐	☑	☑	☑
23		A_红灯	Bool	%M10.6	☐	☑	☑	☑
24		A_绿灯	Bool	%M10.5	☐	☑	☑	☑
25		A_计数复位信号	Bool	%M10.7	☐	☑	☑	☑
26		报警信号	Word	%MW30	☐	☑	☑	☑
27		自动循环结束	Bool	%M30.1	☐	☑	☑	☑
28		不在原点位置	Bool	%M30.0	☐	☑	☑	☑
29		A_复位上升沿	Bool	%M11.0	☐	☑	☑	☑

图 5-1-16 搬运单元 IOM 变量

3）HMI 界面设计

搬运单元界面设计包含登录界面、自动界面、手动界面和报警界面，如图 5-1-17～

图 5-1-20 所示，具体方法可以参考项目 3 的人机界面设计方法。

在登录界面，设置用户名为 gdgm，密码为 111111。

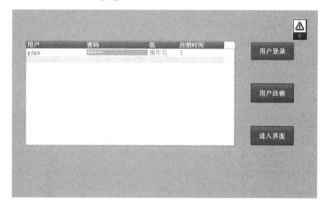

图 5-1-17　搬运单元登录界面

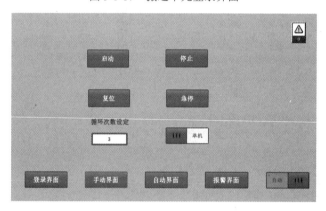

图 5-1-18　搬运单元自动界面

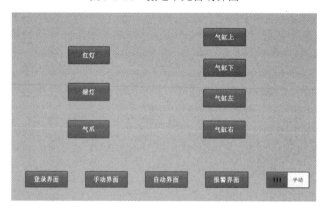

图 5-1-19　搬运单元手动界面

注意图 5-1-19 中的"红灯""绿灯""气爪"等控件，在选中相应的控件后依次单击
"属性"→"事件"→"单击"→"取反位"进行设置；将"气缸上""气缸下""气缸左"
"气缸右"等控件设置成功能按钮，具体的方法参照任务 3.1 的相关内容。

图 5-1-20 搬运单元报警界面

搬运单元报警设置如图 5-1-21 所示。

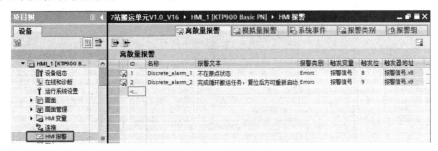

图 5-1-21 搬运单元报警设置

4）编写程序

通过对任务进行分析，采用线性化编程，可以得出如图 5-1-22 所示的搬运单元程序设计思维导图。

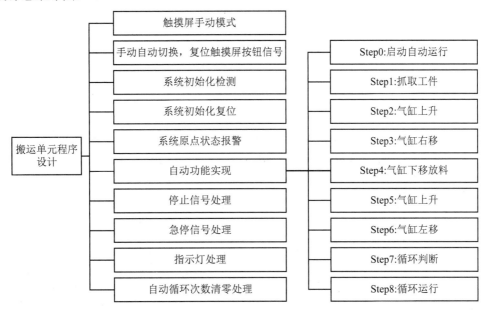

图 5-1-22 搬运单元程序设计思维导图

① 触摸屏手动模式功能实现程序如图 5-1-23 所示。

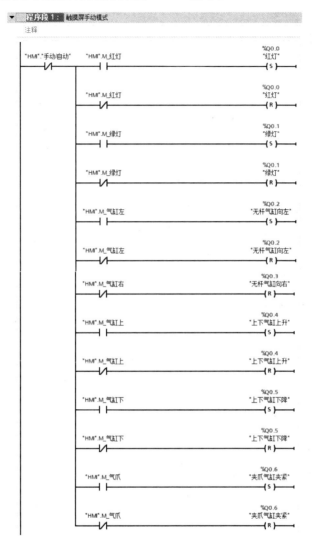

图 5-1-23　触摸屏手动模式功能实现程序

② 手动自动切换（此处为手动切换自动），复位触摸屏按钮信号，如图 5-1-24 所示。

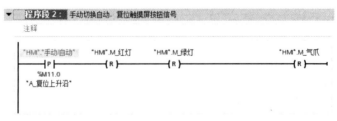

图 5-1-24　手动切换自动程序

③ 系统初始化检测程序如图 5-1-25 所示。

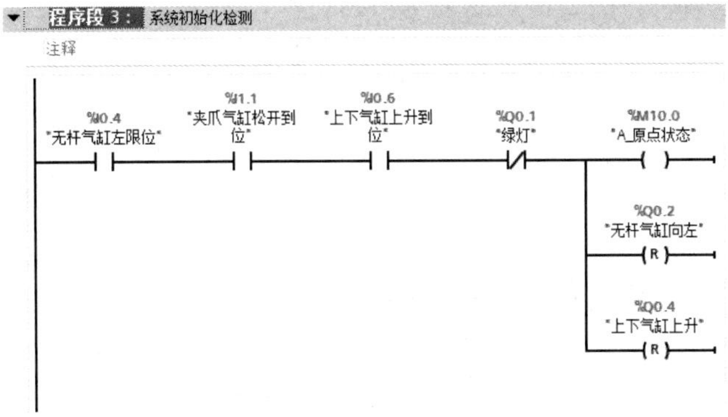

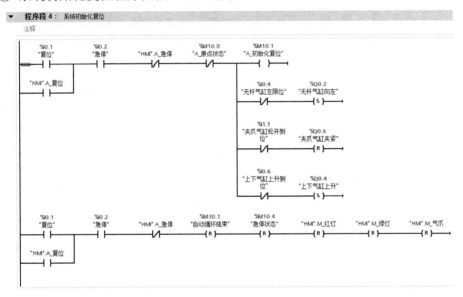

图 5-1-25　系统初始化检测程序

④ 系统初始化复位程序如图 5-1-26 所示。

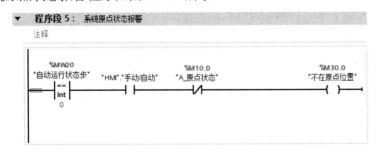

图 5-1-26　系统初始化复位程序

⑤ 系统原点状态报警程序如图 5-1-27 所示。

图 5-1-27　系统原点状态报警程序

⑥ 自动功能实现程序如图 5-1-28 所示。

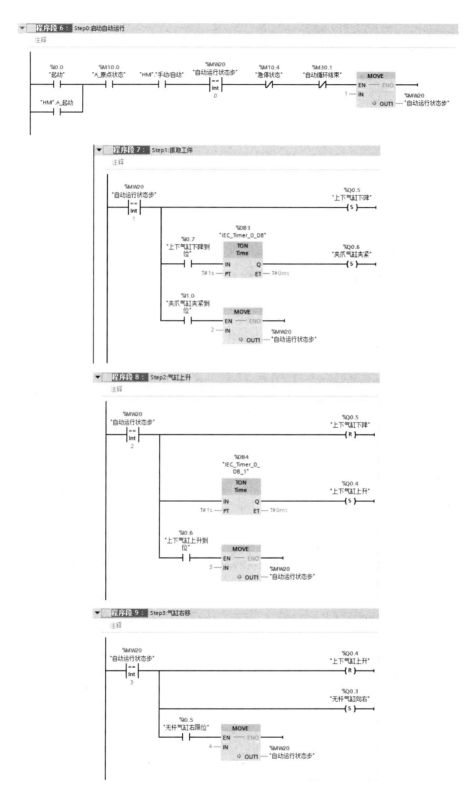

图 5-1-28　自动功能实现程序

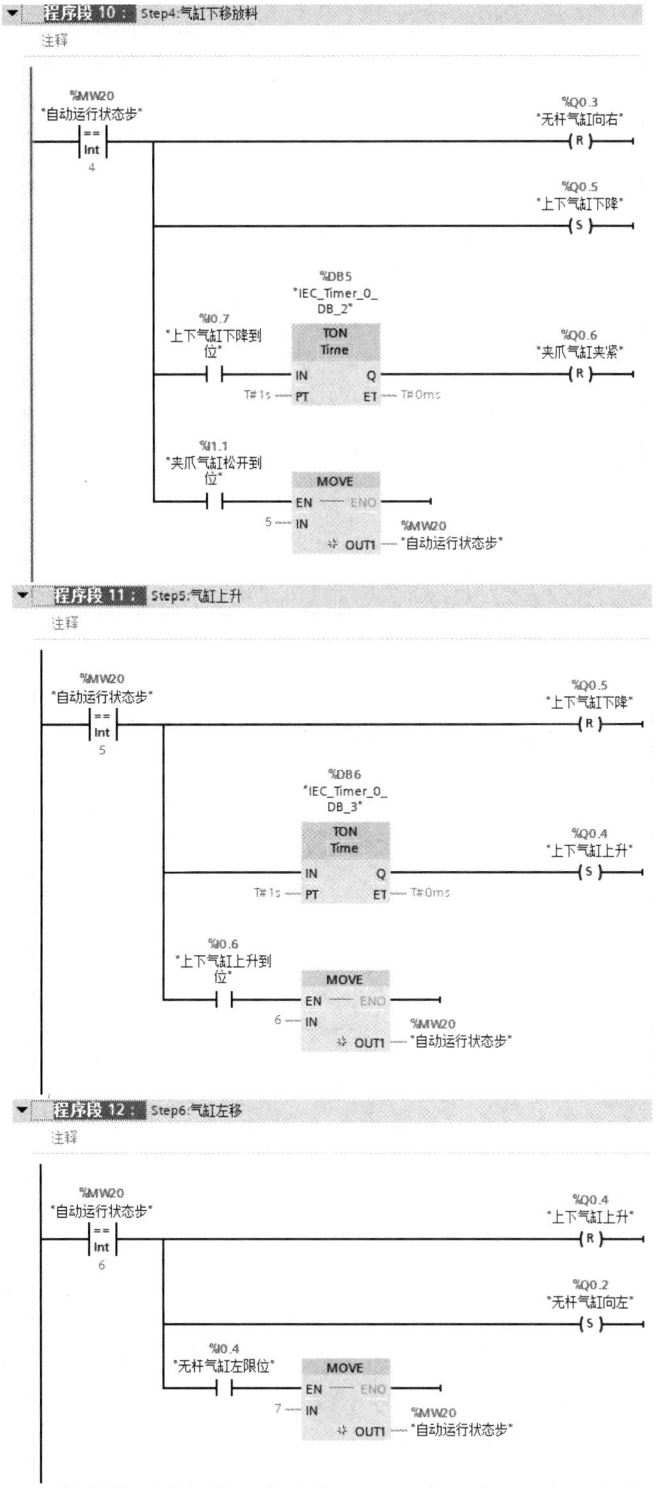

程序段 10 ： Step4:气缸下移放料

注释

```
%MW20                                                        %Q0.3
"自动运行状态步"                                              "无杆气缸I向右"
    ==                                                          (R)
    Int
     4                                                       %Q0.5
                                                             "上下气缸I下降"
                                                                (S)

                        %DB5
                      "IEC_Timer_0_
                         DB_2"
    %I0.7                                                    %Q0.6
"上下气缸I下降到            TON                               "夹爪气缸夹紧"
     位"                  Time                                   (R)
    ┤├            IN         Q
              T#1s  PT        ET  T#0ms

    %I1.1
"夹爪气缸松开到
     位"                  MOVE
    ┤├            EN       ENO
              5   IN       OUT1   %MW20
                                  "自动运行状态步"
```

程序段 11 ： Step5:气缸上升

注释

```
%MW20                                                        %Q0.5
"自动运行状态步"                                              "上下气缸I下降"
    ==                                                          (R)
    Int
     5
                        %DB6
                      "IEC_Timer_0_
                         DB_3"
                                                             %Q0.4
                         TON                                 "上下气缸I上升"
                         Time                                   (S)
                  IN         Q
              T#1s  PT        ET  T#0ms

    %I0.6
"上下气缸I上升到
     位"                  MOVE
    ┤├            EN       ENO
              6   IN       OUT1   %MW20
                                  "自动运行状态步"
```

程序段 12 ： Step6:气缸左移

注释

```
%MW20                                                        %Q0.4
"自动运行状态步"                                              "上下气缸I上升"
    ==                                                          (R)
    Int
     6                                                       %Q0.2
                                                             "无杆气缸I向左"
                                                                (S)

    %I0.4
"无杆气缸左限位"          MOVE
    ┤├            EN       ENO
              7   IN       OUT1   %MW20
                                  "自动运行状态步"
```

图 5-1-28 自动功能实现程序（续）

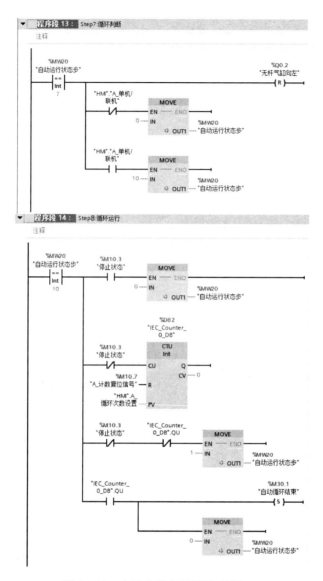

图 5-1-28 自动功能实现程序（续）

⑦ 停止信号处理程序如图 5-1-29 所示。

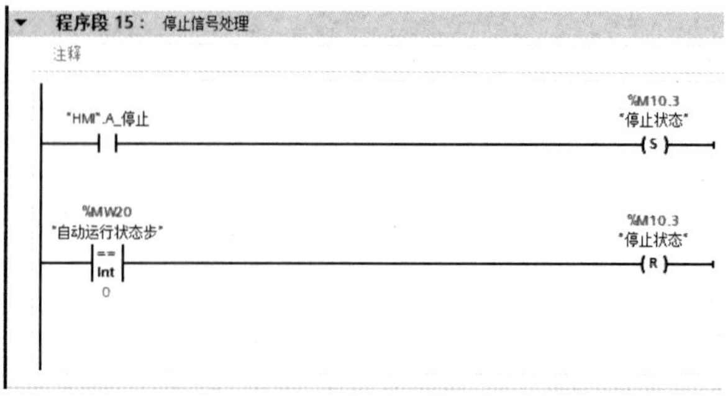

图 5-1-29 停止信号处理程序

⑧ 急停信号处理程序如图 5-1-30 所示。

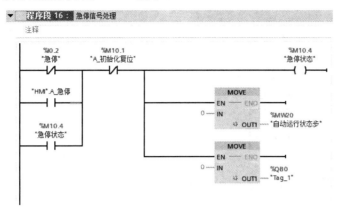

图 5-1-30 急停信号处理程序

⑨ 指示灯处理程序如图 5-1-31 所示。

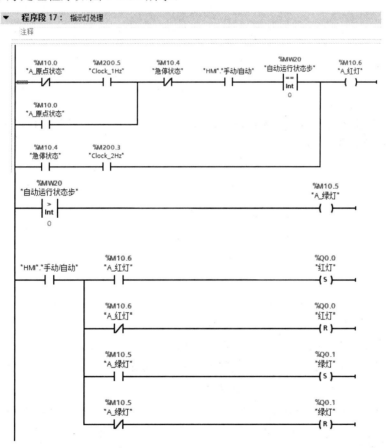

图 5-1-31 指示灯处理程序

⑩ 自动循环次数清零处理程序如图 5-1-32 所示。

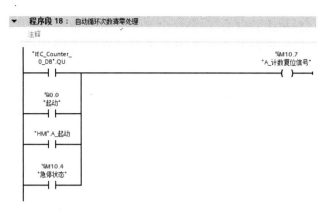

图 5-1-32　自动循环次数清零处理程序

3．程序调试

程序调试流程及总方法如图 5-1-33 所示。

图 5-1-33　程序调试流程及总方法

注意：在运行过程中要时刻注意现场设备的运行情况，一旦发生执行机构相互冲突的事件，应及时采取措施，如急停、切断执行机构控制信号、切断气源或切断总电源等。

1）故障分析

在编写搬运单元程序时，建议初学者一步一步地调试，方便查找错误。在调试过程中，可以通过监控程序查找故障点，有可能会出现以下问题。

① 气压是否在 0.5～0.8MPa 之间，可以通过调节气动三联件的旋钮调节气压到所需的压力值。

② 若双电控电磁阀控制的气缸不动作，有可能是因为没有设置联锁，如 Q0.2 表示气缸向左移动，但发现置位 Q0.2 后设备并没有向左移动，可能是因为控制向右运动的 Q0.3 信号没有复位。

③ 对于某些编程，在无法确定是编程错误还是硬件损坏的情况下，没有按预期进行，有可能是硬件故障，可以通过新建程序编程单独控制故障点，控制相应执行设备运行，进行调试，看是否能够运行，若能正常运行，则编程出错；反之，若硬件损坏，则要查看是电磁阀还是气缸出了问题，若手动操作电磁阀能够驱动气缸运行，则电磁阀连接 PLC 的线路出了问题，若手动控制电磁阀不能驱动气缸运行，则问题可能出现在气缸处。

2）仿真功能调试

编写完搬运单元程序后，通过 4.2 节介绍的方法进行仿真调试，具体步骤如下。

① 打开 S7-PLCSIM Advanced V3.0 软件，新建一个 S7-1500 虚拟 PLC。

② 在 TIA V16 软件上将所写的程序下载到虚拟 PLC 中。

③ 在 NX 12.0 中进行外部信号配置，进行相关信号映射并启动仿真。

图 5-1-34 所示为仿真调试界面。

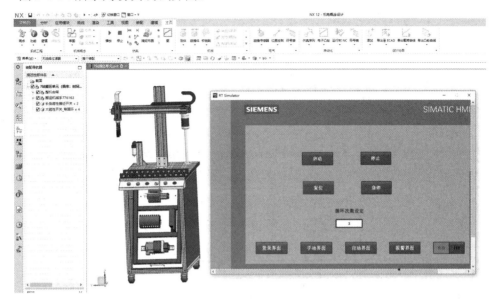

图 5-1-34　仿真调试界面

通过这个单元的学习，实现了搬运单元的动作，进行了自动化生产线控制系统的设计与仿真调试，完整展现了自动化生产线设备电气控制系统的设计过程。

思考与练习

实训 5-1　搬运单元设计与调试

工作任务	搬运单元设计与调试	学习心得
注意事项	① 本实训台采用交流 380V 供电； ② 不能带电操作，在通电的情况下，不能接线、维护，不能触摸交流设备等	
学习目标	① 能够根据控制系统的机械结构设计其功能并编程实现； ② 会用 HMI 触摸屏进行人机交互界面设计； ③ 根据网络拓扑结构进行硬件网络组态调试连接； ④ 调试设备电气元件； ⑤ 调试 PLC 程序，直至硬件设备可以稳定运行	
器材检查	自动化生产线实训设备 1 套，包含： ① 1 套 TIA V16 软件和 1 套 UG NX 12.0 软件； ② 1 台 PLC 控制器，型号为 CPU 1512C-1 PN，订货号为 6ES7 512-1CK01-0AB0； ③ 1 台触摸屏，型号为 KTP900 Basic，订货号为 6AV2 123-2JB03-0AX0； ④ 数字孪生虚拟仿真实训设备（UG NX 12.0 软件上的 3D 仿真平台）； ⑤ 1 台三相异步电机，参数为 25W、220/380V、0.12A、50Hz、1350rpm	

续表

工作任务	搬运单元设计与调试			学习心得
任务要求	完成以下控制任务，具体控制任务要求见5.2.4节，包括以下内容： ① 实现设备的控制工艺功能； ② 能够实现任务中的人机界面要求； ③ 根据网络拓扑进行硬件网络组态调试连接； ④ 调试设备电气元件； ⑤ 实现虚拟仿真调试和仿真功能； ⑥ 调试PLC程序，直至硬件设备可以稳定运行			
总结	请自行总结功能完成情况、功能改进及程序优化等，完成课程报告书			
评分	考核标准		权重	得分
	人机界面的功能，少1个功能扣1分，扣完为止		15%	
	虚拟调试	用户登录功能实现	5%	
		手动功能实现：少1个功能扣1分，扣完为止	10%	
		报警功能实现：少1个功能扣2分，扣完为止	10%	
		自动功能实现：少1个功能扣5分，扣完为止	30%	
	设备控制功能实现：少1个功能扣2分，扣完为止		20%	
	程序可读性强、可靠性高、稳定性强		5%	
	能够安全规范地操作		5%	
	总分		100%	

任务5.2　安装搬运单元设计与调试

🔧 任务描述

在自动化生产线中需要实现搬运过程中的物件搬运和安装。本任务通过对安装搬运单元的机械结构功能分析、气动控制设计、电气系统设计及其编程调试过程进行演示，展现自动化生产线中的经典安装搬运过程。

📖 教学目标

知识目标	技能目标	素养目标
（1）熟悉安装搬运单元的机械结构功能； （2）熟悉伺服控制系统的应用； （3）熟悉气动控制系统的设计； （4）了解安装搬运单元的电气控制系统的设计方法； （5）熟悉数字孪生虚拟调试技术； （6）熟悉自动化生产线虚实联调技术	（1）能进行安装搬运单元机械结构的检修与维护； （2）能够运用伺服控制系统进行长距离搬运； （3）能够正确进行气动控制系统分析并能够进行检修维护； （4）能够进行安装搬运单元的电气系统和磁感应式接近开关的安装与调试； （5）能实现安装搬运单元气动控制系统功能； （6）能够进行虚拟仿真调试，实现安装搬运单元的控制功能	（1）培养对知识技能的深入探究精神； （2）培养信息化、数字化能力； （3）培养学生的设计思维和动手能力； （4）培养学生举一反三的能力和学习迁移能力

5.2.1　安装搬运单元机械结构与功能分析

安装搬运单元是具有 4 个自由度柔性配置的操作装置，与搬运单元不同的是，多一个短距离的直线位移搬运气缸，用于进行物料芯的安装，并用伺服机构实现长距离的搬运工作。图 5-2-1 所示为安装搬运单元结构图，其中，搬运模块实现工件的长距离搬运，安装模块由短距离的双杆左右微移气缸、气爪升降气缸和气动手爪气缸组成。

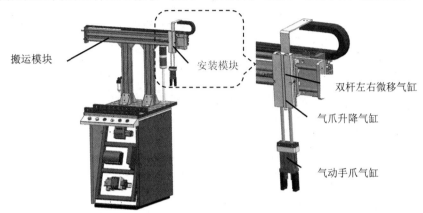

图 5-2-1　安装搬运单元结构图

5.2.2　安装搬运单元气动控制系统设计与调试

前面已对气动控制模块的机械结构进行了分析，图 5-2-2 所示为安装搬运单元气动控制原理图，图 5-2-3 所示为安装搬运单元电磁阀实物图。

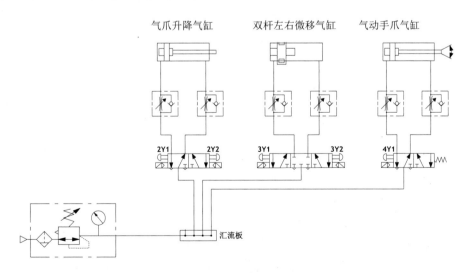

图 5-2-2　安装搬运单元气动控制原理图

图 5-2-3　安装搬运单元电磁阀实物图

5.2.3　安装搬运单元电气控制系统设计与调试

安装搬运单元的运动位置控制均采用磁感应式接近开关。根据机械结构功能分析，结合气动控制系统设计，设计出 I/O 分配方案，如表 5-2-1 所示。

表 5-2-1　I/O 分配方案

I/O 分配	输入点分配	I0.0～I0.3 输入端口被分配给各单元的操作面板上的按钮使用，共 4 个点；I0.4～I1.4 被分配给传感器使用，共 8 个点
	输出点分配	Q0.0～Q1.0 输出端口被分配给各工作台面上设备的输出信号使用，用于控制指示灯和各类气缸的动作，共 7 个点
	备用点分配	PLC 的 I1.5～I1.7 输入端口、Q1.0～Q1.7 输出端口被分配给各单元的 I/O 通信转换模块使用，并供系统扩充备用

设计好分配方案后，就可以进行具体的 I/O 地址分配了，表 5-2-2 所示为安装搬运单元的 PLC 的 I/O 地址分配表。

表 5-2-2　安装搬运单元的 PLC 的 I/O 地址分配表

序号	地址	符号	名称	功能
1	I0.0	SB1	按钮	启动
2	I0.1	SB2	按钮	复位
3	I0.2	SB3	按钮	急停
4	I0.3	SA	开关	单机/联机
5	I0.4	1B1	磁感应式接近开关	无杆气缸左限位
6	I0.5	1B2	磁感应式接近开关	无杆气缸右限位
7	I0.6	2B1	磁感应式接近开关	气爪升降气缸上限位
8	I0.7	2B2	磁感应式接近开关	气爪升降气缸下限位
9	I1.0	3B1	磁感应式接近开关	双杆左右微移气缸左限位
10	I1.1	3B2	磁感应式接近开关	双杆左右微移气缸右限位
11	I1.2	4B1	磁感应式接近开关	气爪夹紧限位
12	I1.3	4B2	磁感应式接近开关	气爪松开限位
13	Q0.0	HL1	红色指示灯	红灯
14	Q0.1	HL2	绿色指示灯	绿灯
15	Q0.2	1Y1	双电控电磁阀	无杆气缸左移
16	Q0.3	1Y2	双电控电磁阀	无杆气缸右移

续表

序号	地址	符号	名称	功能
17	Q0.4	2Y1	双电控电磁阀	气爪升降气缸上升
18	Q0.5	2Y2	双电控电磁阀	气爪升降气缸下降
19	Q0.6	3Y1	双电控电磁阀	双杆左右微移气缸左移
20	Q0.7	3Y2	双电控电磁阀	双杆左右微移气缸右移
21	Q1.0	4Y	单电控电磁阀	气动手爪夹紧

　　本单元选用 S7-1500 CPU 配置一个数字量模块。其中，用于传感器输入的有 8 个点，均安装磁感应式接近开关；按钮开关输入有 4 个点，输入点共 12 个。电磁阀电信号连接输出点有 7 个，有 2 个点用于指示灯的电信号控制，输出点共 9 个，其中，数字模块用于伺服器控制。图 5-2-4 所示为安装搬运单元的 PLC 的 I/O 接线图。

图 5-2-4　安装搬运单元的 PLC 的 I/O 接线图

5.2.4 安装搬运单元控制功能程序设计与调试

1. 控制工艺要求

1）HIM 触摸屏控制功能要求

触摸屏应该设置 4 个界面：登录界面、手动界面、自动界面、报警界面，各个界面表述如下。

① 登录界面：可以设置账户登录和注销，自行设置账户名和密码。

② 手动界面：可以手动控制每个输出的动作，按下一次执行动作，再次按下回到初始状态，如红灯，按一次亮，按两次灭；单作用气缸（如夹爪气缸），按一次夹紧物料，再按一次松开物料；双作用气缸控制的动作具有自保持功能，只需要按一次即可。

③ 自动界面：具备每个按钮和开关的功能，详见 I/O 地址分配表；可以通过"单机/联机"开关进行自动单周期和自动循环模式的切换；联机模式下能够进行工作任务的设定，设定次数可通过触摸屏输入，且工作运行周期可以通过 HMI 实时显示。

④ 报警界面：能够对设备不在初始状态进行错误报警，并对已经完成的工作任务进行报警提示，能够在按下急停按钮后报警，还能够对按下停止按钮进行报警。

2）系统初始化

设备上电后，在自动模式下，按下复位按钮后，进行初始化操作。

长距离搬运滑块处于左限位，气动手爪处于张开状态，气爪升降气缸（控制气动手爪上下）处于上升状态，双杆左右微移气缸左移到位。

3）系统运行过程

① 按下复位按钮，系统进行复位状态检测，判断是否处于初始状态，若不在初始状态，则回到初始状态。

② 按下启动按钮，气爪升降气缸下降，气动手爪夹紧，抓取物料。

③ 夹取物料后，气爪升降气缸上升，搬运滑块向右滑动；到达右限位后，双杆左右微移气缸右移，右移到位后，气爪升降气缸下降，下降到位后，气动手爪张开，释放物料。

④ 完成物料释放后，气爪升降气缸上升，双杆左右微移气缸左移，左移到位后，气爪升降气缸下降，下降到位后气动手爪张开，抓取物料芯，夹紧到位后，气爪升降气缸上升，双杆左右微移气缸右移，右移到位后，气爪升降气缸下降并松开物料芯，完成物料芯的安装。

⑤ 夹爪松开到位后，气爪升降气缸上升，上升到位后搬运滑块左移，回到初始状态。

⑥ 安装搬运单元有自动单周期、自动循环两种工作模式。无论在哪种工作模式的控制任务中，设备都必须处于初始状态，否则不允许启动。

⑦ 自动单周期模式：当设备满足启动条件后，按下启动按钮后按照控制任务要求开始运行，完成一个周期后停止；再次按启动按钮才进行新的计数。

⑧ 自动循环模式：复位完成后，按下启动按钮，系统按控制任务要求完成整个运行过程，自动完成 HMI 触摸屏搬运任务要求的工件数目后回到初始状态。若需要开始新的

搬运任务，则需要复位后重新设置工件数目，按启动按钮，重新启动设备搬运过程。按下停止按钮，设备就不再执行新的工件搬运任务，但要在完成当前任务后才停止运行。停止运行后，各执行机构应回到初始状态；若需要再次启动，则必须重新按下启动按钮。

4）系统正常停止

按下停止按钮，完成当前任务后，所有机构回到初始位置，系统停机。

5）系统急停

按下急停按钮，系统立刻停机，复位后方能启动。

6）系统指示灯

① 当系统不工作时，红灯常亮。

② 当系统不满足初始状态时，红灯闪烁。

③ 当系统运行时，绿灯常亮。

④ 当系统急停时，红灯以 2Hz 的频率闪烁。

安装搬运单元控制工艺流程图如图 5-2-5 所示。

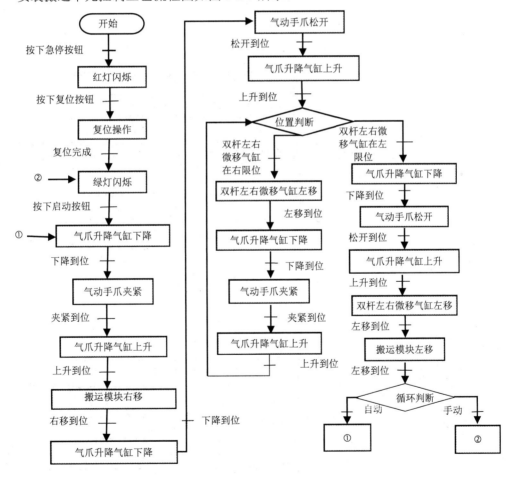

图 5-2-5 安装搬运单元控制工艺流程图

2．程序设计

模块化编程是指将程序根据功能分为不同的逻辑块，在 OB1 中可以根据条件决定是否进行块的调用和执行。模块化编程的特点是控制任务被分成不同功能的块，易于多用户同时编程，调试也比较方便。由于 OB1 中根据条件只有在需要时才调用相关的程序块，因此在每次循环中不是所有的块都执行，CPU 的利用率得到了提高。在模块化编程中，被调用块和调用块之间没有数据交换。安装搬运单元模块化编程的程序结构示意图如图 5-2-6 所示。

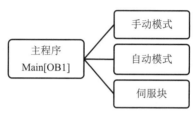

图 5-2-6　安装搬运单元模块化编程的程序结构示意图

自动模式采用线性化编程，如图 5-2-7 所示。

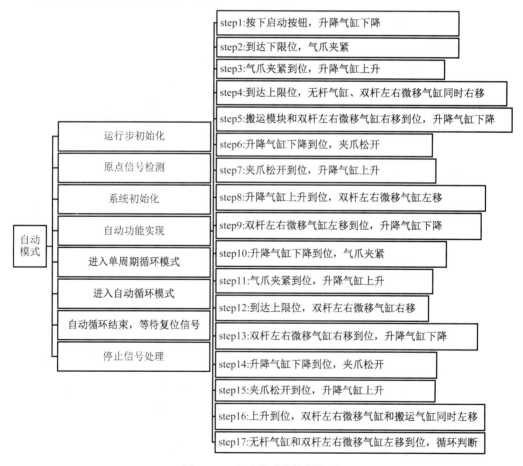

图 5-2-7　自动模式线性化编程

1）设备组态

根据电气硬件设备的要求，对设备进行组态，安装搬运单元设备组态如图 5-2-8 所示。采用 PROFINET 接口通信，IP 地址分配如下。

PLC_1 [CPU 1512C-1 PN]：192.168.0.1。

HMI_1 [KTP900 Basic PN]：192.168.0.2，SINAMICS-V90-PN：192.168.0.3。

图 5-2-8　安装搬运单元设备组态

2）新建需要用的变量

使用数据块新建 HMI 所用的变量，如图 5-2-9 所示。

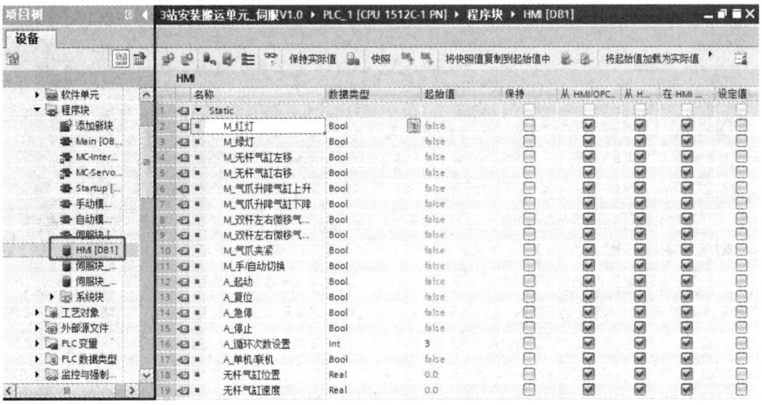

图 5-2-9　安装搬运单元 HMI 所用的变量

新建安装搬运单元 I/O 变量，如图 5-2-10 所示。

图 5-2-10　安装搬运单元 I/O 变量

新建安装搬运单元中间变量，如图 5-2-11 所示。

3站安装搬运单元_伺服V1.0 ▸ PLC_1 [CPU 1512C-1 PN] ▸ PLC 变量 ▸ 3station [62]

变量

3station

	名称	数据类型	地址	保持	从 H...	从 H...	在 H...	监控
20	气爪夹紧	Bool	%Q1.0	☐	☑	☑	☑	
21	A_原点状态	Bool	%M10.0	☐	☑	☑	☑	
22	step1	Bool	%M20.1	☐	☑	☑	☑	
23	step2	Bool	%M20.2	☐	☑	☑	☑	
24	step3	Bool	%M20.3	☐	☑	☑	☑	
25	step4	Bool	%M20.4	☐	☑	☑	☑	
26	step5	Bool	%M20.5	☐	☑	☑	☑	
27	step6	Bool	%M20.6	☐	☑	☑	☑	
28	step7	Bool	%M20.7	☐	☑	☑	☑	
29	step8	Bool	%M21.0	☐	☑	☑	☑	
30	step9	Bool	%M21.1	☐	☑	☑	☑	
31	step10	Bool	%M21.2	☐	☑	☑	☑	
32	step11	Bool	%M21.3	☐	☑	☑	☑	
33	step12	Bool	%M21.4	☐	☑	☑	☑	
34	step13	Bool	%M21.5	☐	☑	☑	☑	
35	step14	Bool	%M21.6	☐	☑	☑	☑	
36	step15	Bool	%M21.7	☐	☑	☑	☑	
37	step16	Bool	%M22.0	☐	☑	☑	☑	
38	step17	Bool	%M22.1	☐	☑	☑	☑	
39	上升沿信号1	Bool	%M16.0	☐	☑	☑	☑	
40	A_复位状态	Bool	%M10.1	☐	☑	☑	☑	
41	step18	Bool	%M22.2	☐	☑	☑	☑	
42	step19	Bool	%M22.3	☐	☑	☑	☑	
43	step20	Bool	%M22.4	☐	☑	☑	☑	
44	step21	Bool	%M22.5	☐	☑	☑	☑	
45	step22	Bool	%M22.6	☐	☐	☐	☐	
46	step23	Bool	%M22.7	☐	☑	☑	☑	
47	A_停止状态	Bool	%M10.2	☐	☑	☑	☑	
48	step0	Bool	%M20.0	☐	☑	☑	☑	
49	不在原点信号	Bool	%M30.0	☐	☑	☑	☑	
50	完成循环信号	Bool	%M30.1	☐	☑	☑	☑	
51	报警信号	Int	%MW30	☐	☑	☑	☑	
52	A_急停状态	Bool	%M10.3	☐	☑	☑	☑	
53	A_计数复位信号	Bool	%M10.4	☐	☑	☑	☑	
54	上升沿信号2	Bool	%M16.1	☐	☑	☑	☑	
55	伺服上电	Bool	%M0.0	☐	☑	☑	☑	
56	伺服复位	Bool	%M0.1	☐	☑	☑	☑	
57	伺服回原点	Bool	%M0.2	☐	☑	☑	☑	
58	伺服正转	Bool	%M0.3	☐	☑	☑	☑	
59	伺服反转	Bool	%M0.4	☐	☑	☑	☑	
60	伺服速度	LReal	%M2.0	☐	☑	☑	☑	
61	绝对位移	Bool	%M0.5	☐	☑	☑	☑	
62	绝对位移值	LReal	%M32.0	☐	☑	☑	☑	
63	<新增>			☐	☑	☑	☑	

图 5-2-11 安装搬运单元中间变量

其中，还有一些其他中间变量与默认变量，这里不再一一列出，用户可以根据需要自行添加。

3）HMI 界面设计

安装搬运单元界面设计包含登录界面、自动界面、手动界面和报警界面，具体方法可以参考项目 3 的人机界面设计方法。

在安装搬运单元登录界面设置用户名为 gdgm，密码为 111111，如图 5-2-12 所示。

安装搬运单元自动界面如图 5-2-13 所示。

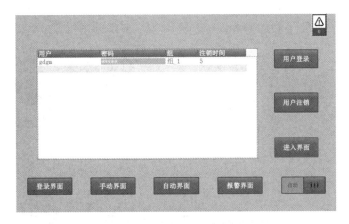

图 5-2-12 安装搬运单元登录界面

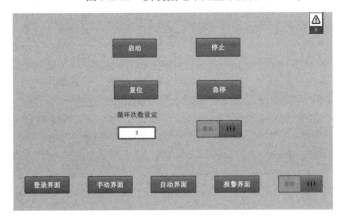

图 5-2-13 安装搬运单元自动界面

安装搬运单元手动界面如图 5-2-14 所示。注意这里的"红灯""绿灯""气爪"等控件，在选中相应的控件后，依次单击"属性"→"事件"→"单击"→"取反位"进行设置；将其余双电控电磁阀控制的双作用气缸均设置成按钮的功能模式。

图 5-2-14 安装搬运单元手动界面

安装搬运单元报警界面如图 5-2-15 所示，具备 4 个报警功能。

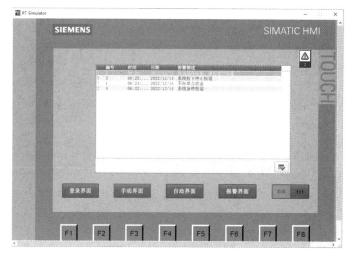

图 5-2-15　安装搬运单元报警界面

安装搬运单元报警设置如图 5-2-16 所示。

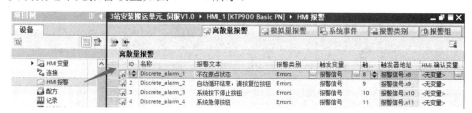

图 5-2-16　安装搬运单元报警设置

4）编写程序

安装搬运单元主程序 Main[OB1]如图 5-2-17 所示。

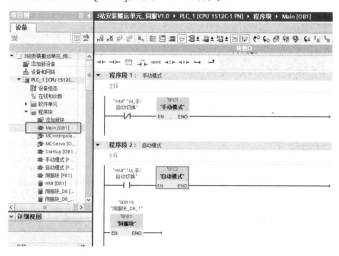

图 5-2-17　安装搬运单元主程序 Main[OB1]

安装搬运单元伺服块功能编程如图 5-2-18 所示。

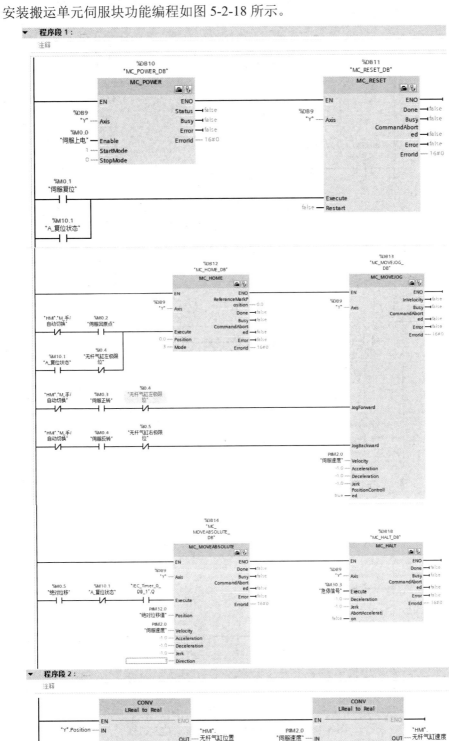

图 5-2-18　安装搬运单元伺服块功能编程

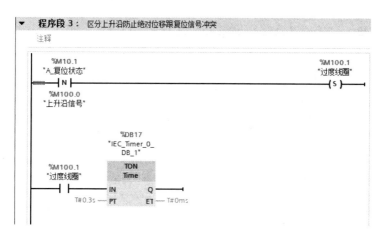

图 5-2-18　安装搬运单元伺服块功能编程（续）

安装搬运单元手动模式功能编程如图 5-2-19 所示。

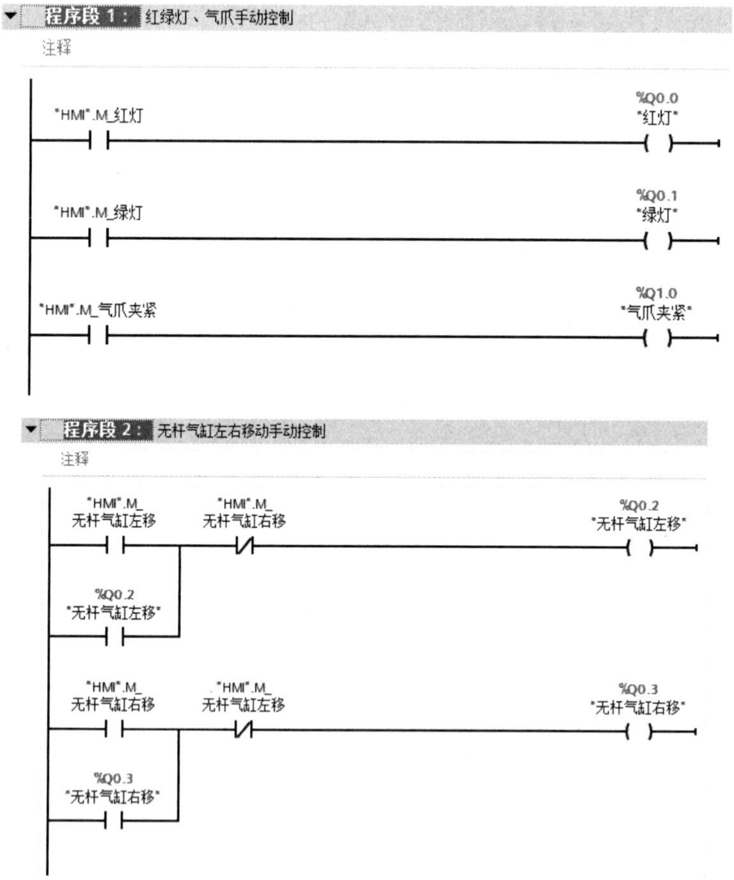

图 5-2-19　安装搬运单元手动模式功能编程

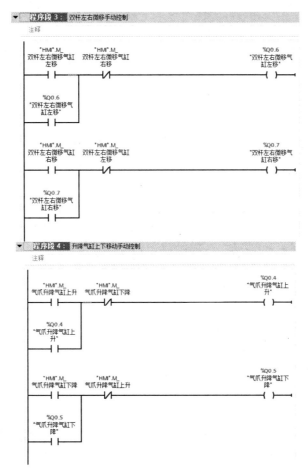

图 5-2-19　安装搬运单元手动模式功能编程（续）

安装搬运单元自动模式功能编程如图 5-2-20 所示。

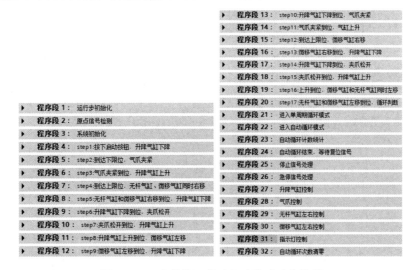

图 5-2-20　安装搬运单元自动模式功能编程

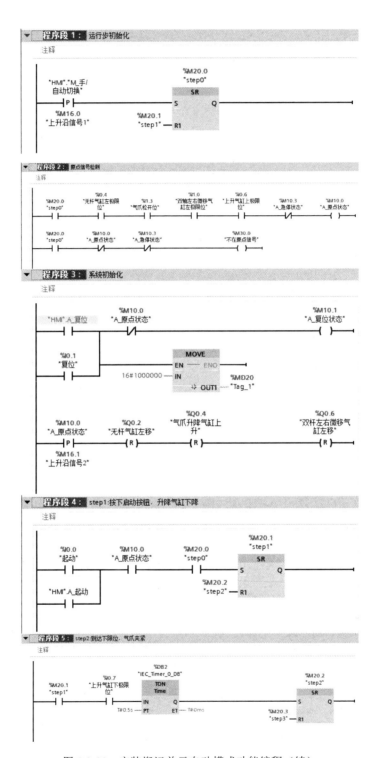

图 5-2-20 安装搬运单元自动模式功能编程（续）

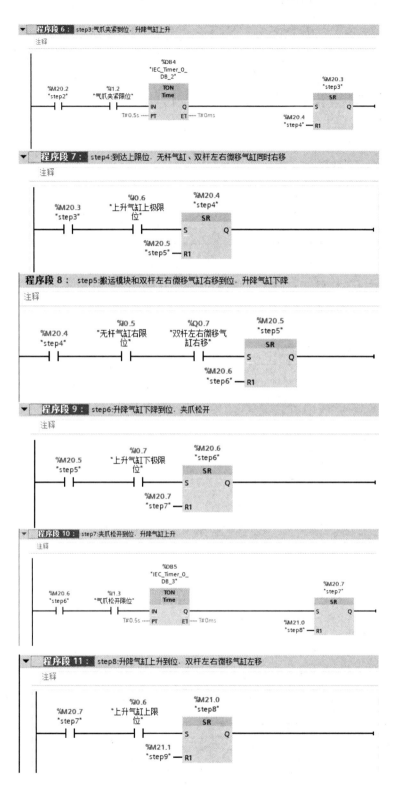

图 5-2-20　安装搬运单元自动模式功能编程（续）

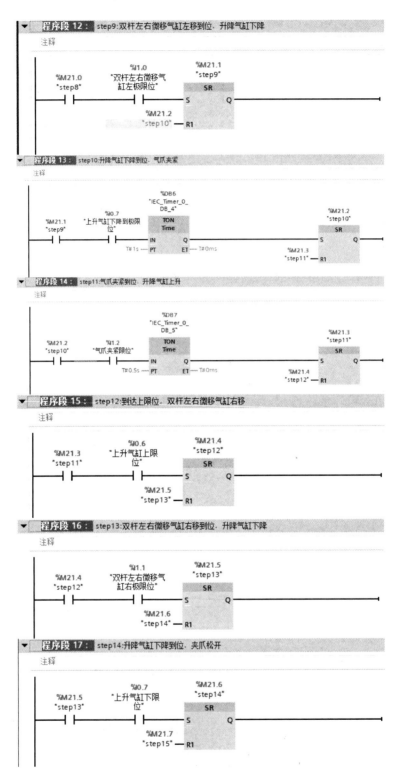

图 5-2-20　安装搬运单元自动模式功能编程（续）

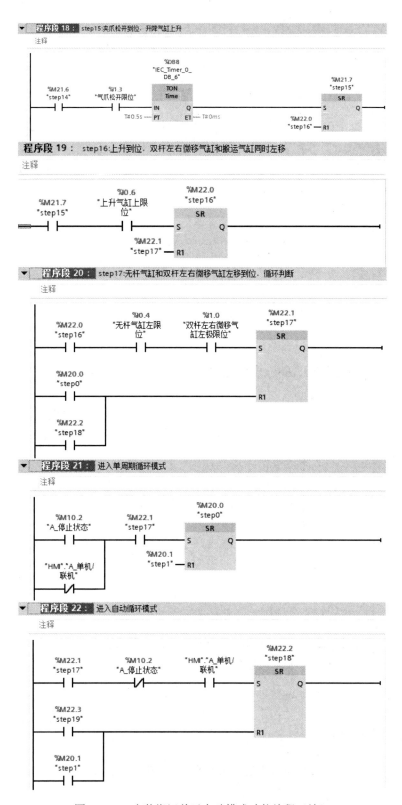

图 5-2-20 安装搬运单元自动模式功能编程（续）

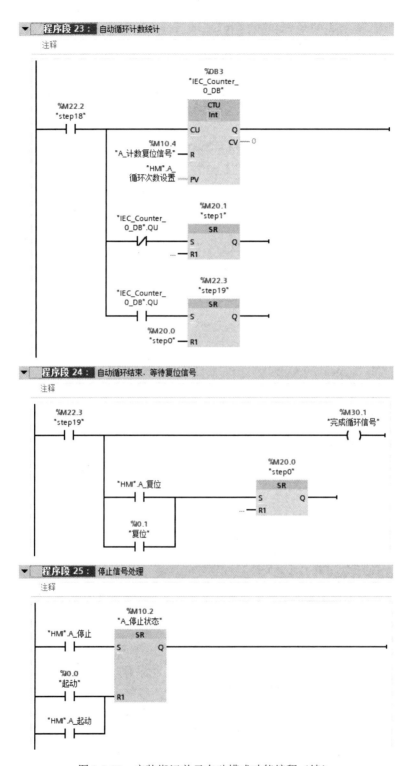

图 5-2-20　安装搬运单元自动模式功能编程（续）

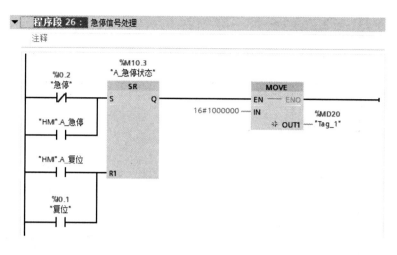

程序段 26：急停信号处理

注释

%M10.3
"A_急停状态"

%I0.2
"急停"

SR

S　　Q

"HMI".A_急停

"HMI".A_复位

R1

%I0.1
"复位"

MOVE

EN —— ENO

16#1000000 — IN

%MD20
OUT1 — "Tag_1"

程序段 27：升降气缸控制

注释

%M20.1
"step1"

%Q0.5
"气爪升降气缸下降"
( )

%M20.5
"step5"

%M21.1
"step9"

%M21.5
"step13"

%M20.3
"step3"

%Q0.4
"气爪升降气缸上升"
( )

%M20.7
"step7"

%M21.3
"step11"

%M21.7
"step15"

%M10.1
"A_复位状态"

图 5-2-20　安装搬运单元自动模式功能编程（续）

程序段 28 ： 气爪控制

注释

```
%M20.2                                                      %Q1.0
"step2"                                                    "气爪夹紧"
  | |                                                         (S)

%M21.2
"step10"
  | |

%M20.6                                                      %Q1.0
"step6"                                                    "气爪夹紧"
  | |                                                         (R)

%M21.6
"step14"
  | |

%M10.1
"A_复位状态"
  | |
```

程序段 29 ： 安装搬运单元左右控制

注释

```
%M22.0                                                      %Q0.2
"step16"                                                 "无杆气缸左移"
  | |                                                         ( )

%M10.1
"A_复位状态"
  | |

%M20.4                                                      %Q0.3
"step4"                                                  "无杆气缸右移"
  | |                                                         ( )
```

程序段 30 ： 双杆左右微移气缸左右控制

注释

```
                                                           %Q0.6
%M21.0                                                   "双杆左右微移气
"step8"                                                     缸左移"
  | |                                                         ( )

%M22.0
"step16"
  | |

%M10.1
"A_复位状态"
  | |

                                                           %Q0.7
%M20.4                                                   "双杆左右微移气
"step4"                                                     缸右移"
  | |                                                         ( )

%M21.4
"step12"
  | |
```

图 5-2-20　安装搬运单元自动模式功能编程（续）

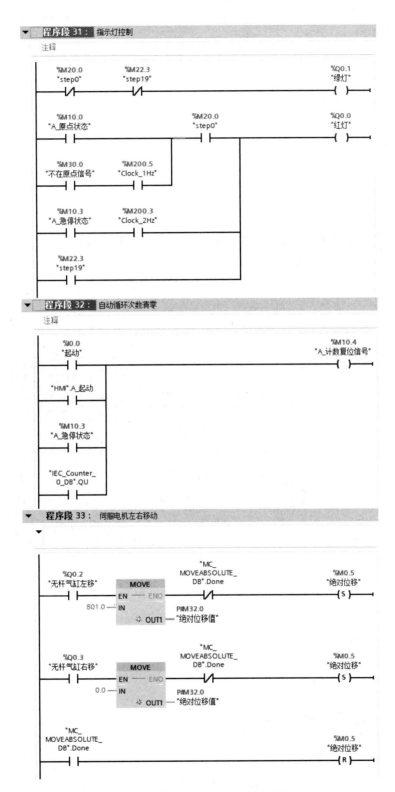

图 5-2-20　安装搬运单元自动模式功能编程（续）

3. 程序调试

1）故障分析

在编写安装搬运单元的程序时，建议新学者一步一步地调试，方便查找错误。在调试过程中，检查气压值，查看硬件故障，通过程序监控功能查看故障点等方式完成相应的功能调试。

2）功能调试

编写完安装搬运单元程序后，通过 4.2 节介绍的方法进行仿真调试，步骤如下。

① 打开 S7-PLCSIM Advanced V3.0 软件，新建一个 S7-1500 虚拟 PLC。

② 在 TIA V16 软件上将所写的程序下载到虚拟 PLC 中。

③ 在 NX 12.0 中进行外部信号配置，进行相关信号映射并启动仿真。

图 5-2-21 所示为仿真调试程序功能图。

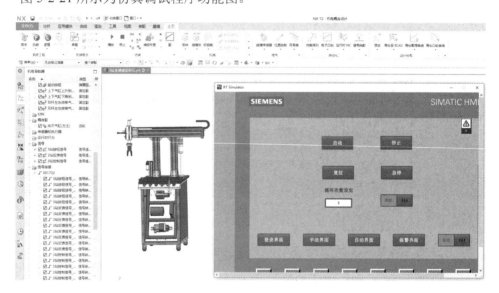

图 5-2-21　仿真调试程序功能图

通过这个单元的学习，实现了安装搬运单元的动作，进行了自动化生产线控制系统的设计与调试，完整展现了自动化生产线设备电气控制系统的设计过程，使读者熟悉了利用伺服器实现长距离的搬运和定位的方法。

思考与练习

实训 5-2　安装搬运单元设计与调试

工作任务	安装搬运单元设计与调试	学习心得
注意事项	① 本实训台采用交流 380V 供电； ② 不能带电操作，在通电的情况下，不能接线、维护，不能触摸交流设备等	

续表

工作任务	安装搬运单元设计与调试			学习心得
学习目标	① 能够根据控制系统的机械结构设计其功能并编程实现； ② 会用 HMI 触摸屏进行人机交互界面设计； ③ 根据网络拓扑结构进行硬件网络组态调试连接； ④ 调试设备电气元件； ⑤ 调试 PLC 程序，直至硬件设备可以稳定运行			
器材检查	自动化生产线实训设备 1 套，包含： ① 1 套 TIA V16 软件，1 套 UG NX 12.0 软件； ② 1 台 PLC 控制器，型号为 CPU 1512C-1 PN，订货号为 6ES7 512-1CK01-0AB0； ③ 1 台触摸屏，型号为 KTP900 Basic，订货号为 6AV2 123-2JB03-0AX0； ④ 数字孪生虚拟仿真实训设备（UG NX 12.0 软件上的 3D 仿真平台）			
任务要求	完成以下控制任务，具体控制任务要求见 5.2.4 节，包括以下内容： ① 实现设备的控制工艺功能； ② 能够实现任务中的人机界面要求； ③ 根据网络拓扑结构进行硬件网络组态调试连接； ④ 调试设备电气元件； ⑤ 实现虚拟仿真调试和仿真功能； ⑥ 调试 PLC 程序，直至硬件设备可以稳定运行			
总结	请自行总结功能完成情况、功能改进及程序优化等，完成课程报告书			
评分	考核标准		权重	得分
	人机界面的功能，少 1 个功能扣 1 分，扣完为止		15%	
	虚拟调试	用户登录功能实现	5%	
		手动功能实现：少 1 个功能扣 1 分，扣完为止	10%	
		报警功能实现：少 1 个功能扣 2 分，扣完为止	10%	
		自动功能实现，少 1 个功能扣 5 分，扣完为止	30%	
	设备控制功能实现：少 1 个功能扣 2 分，扣完为止		20%	
	程序结构可读性强、可靠性高、稳定性强		5%	
	能够安全规范地操作		5%	
	总分		100%	

任务 5.3　供料单元设计与调试

💡 任务描述

在自动化生产线生产过程中需要将物料从物料槽内推出，并送至下一个工作单元。本小节选用物料推料装置将物料推出物料槽后，用摆动结构将物料送至下一个工作单元的取料位置，完成物料的送料及搬运功能。

教学目标

知识目标	技能目标	素养目标
（1）熟悉推料机械结构及其功能； （2）熟悉摆动气缸的机械结构及其功能； （3）熟悉供料单元气动控制系统的设计及调试方法； （4）熟悉吸盘工具的作用及其功能实现方法； （5）熟悉虚实联调方法	（1）能进行供料单元设备机械结构的检修与维护； （2）能够正确进行气动控制分析并能进行检修维护； （3）能够进行供料单元的电气检修； （4）会编程和虚实联调，完成供料单元的控制功能	（1）通过不同的机械结构实现搬运功能，总结各自的使用功能和优缺点，培养学生总结提高的习惯； （2）学习新知识，深入分析，培养学生对科学技术的探索精神

5.3.1 供料单元机械结构与功能分析

供料单元配置有送料与转运执行装置，是自动化生产线中的起始单元，按照需要将放置在料仓中的物料自动取出，并将其传送到下一个工作单元，起着向整个系统的其他单元提供原料的作用。图 5-3-1 所示为供料单元机械结构图，供料单元主要由送料模块和摆动模块组成，送料模块主要由推料气缸将井式料仓里的工件送出料仓，由摆动模块将物料放置在下一个工作单元的取料位置,往复摆动驱动装置,其转轴的转动范围为0°～180°，吸盘气缸的作用是吸取和放下物料。供料单元除了上述组成模块，还包括电磁阀岛、过滤减压阀、I/O 转接模块、电气控制模块及操作面板等组件，其结构和功能与搬运单元一样，此处不再赘述。

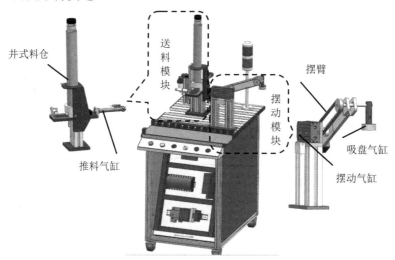

图 5-3-1　供料单元机械结构图

5.3.2 供料单元气动控制系统设计与调试

供料单元的动作由推料气缸、吸盘气缸、摆动气缸组成。其中，推料气缸由单电控电磁阀控制，真空吸盘也由单电控电磁阀控制，摆动气缸由双电控电磁阀控制，供料单元气动控制回路原理图如图 5-3-2 所示。

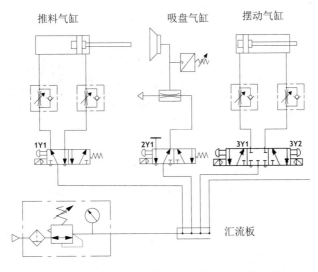

图 5-3-2 供料单元气动控制回路原理图

摆动气缸及调节方法如图 5-3-3 所示。

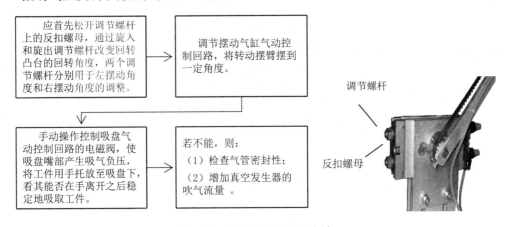

图 5-3-3 摆动气缸及调节方法

5.3.3 供料单元电气控制系统设计与调试

在供料单元中，推料气缸和摆动气缸的运动行程位置检测采用双线制磁感应式接近开关。在供料单元的推料模块中，料筒内有无物料由对射式光纤传感器获得，光纤传感器由光纤放大器及检测头组成，图 5-3-4 所示为光纤传感器实物图，光纤传感器检测装置具有三条外部连接线，分别为棕色的 24V 电源线、蓝色的电源接地线和黑色的信号输出线。通过控制检测头光路的通断即可实现对物料有无的检测，光纤传感器对应输出高/低电平信号。光纤放大器上有灵敏度调节旋钮，用于检测现场信号；还有动作指示灯和入光量指示灯，用于其工作状态的指示。

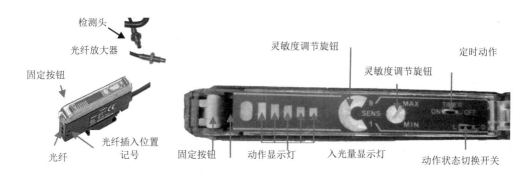

图 5-3-4　光纤传感器实物图

根据机械结构功能分析，结合气动控制系统设计，设计出 I/O 分配方案，如表 5-3-1 所示。

表 5-3-1　I/O 分配方案

I/O 分配	输入点分配	I0.0～I0.3 输入端口被分配给各单元的操作面板上的按钮使用，共 4 个点；I0.4～I1.1 被分配给传感器使用，共 6 个点
	输出点分配	Q0.0～Q0.5 输出端口被分配给各工作台面上设备的输出信号使用，用于控制指示灯和各类气缸的动作，共 6 个点
	备用点分配	PLC 的 I1.2～I1.7 输入端口、Q0.7～Q1.7 输出端口被分配给各单元的 I/O 通信转换模块使用，并供系统扩充备用

设计好分配方案后就可以进行具体 I/O 地址分配了，表 5-3-2 所示为供料单元的 PLC 的 I/O 地址分配表。

表 5-3-2　供料单元的 PLC 的 I/O 地址分配表

序号	地址	符号	名称	功能
1	I0.0	SB1	按钮	启动
2	I0.1	SB2	按钮	复位
3	I0.2	SB3	按钮	急停
4	I0.3	SA	开关	单机/联机
5	I0.4	1B1	对射式光纤传感器	料仓物料有无
6	I0.5	1B2	磁感应式接近开关	推料气缸缩回到位
7	I0.6	2B1	磁感应式接近开关	推料气缸伸出到位
8	I0.7	2B2	磁感应式接近开关	检测物料推出到位
9	I1.0	3B1	磁感应式接近开关	摆动气缸左限位
10	I1.1	3B2	磁感应式接近开关	摆动气缸右限位
11	Q0.0	HL1	红色显示灯	红灯
12	Q0.1	HL2	绿色显示灯	绿灯
13	Q0.2	1Y1	单电控电磁阀	推料气缸
14	Q0.3	2Y1	单电控电磁阀	真空吸盘
15	Q0.4	2Y1	双电控电磁阀	摆动气缸左摆
16	Q0.5	2Y2	双电控电磁阀	摆动气缸右摆

本单元选用的 S7-1500 CPU 配置一个数字量模块。其中，用于传感器输入的有 9 点，用于按钮开关输入的有 4 点，电磁阀电信号连接输出点有 7 点，有 2 点用于指示灯的电信号控制。图 5-3-5 所示为供料单元 PLC 的 I/O 接线图。

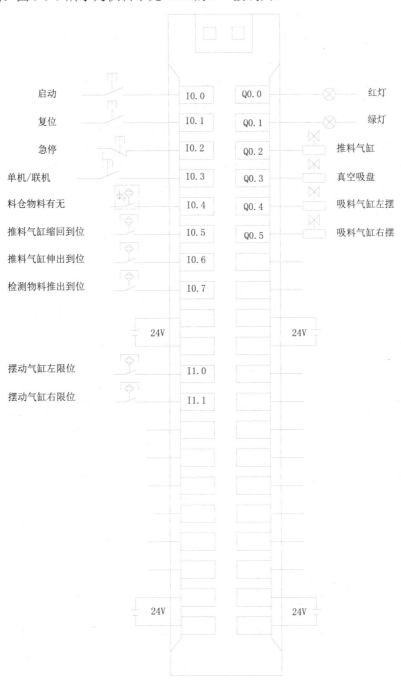

启动 — I0.0　　　Q0.0 — ⊗ 红灯
复位 — I0.1　　　Q0.1 — ⊗ 绿灯
急停 — I0.2　　　Q0.2 — 推料气缸
单机/联机 — I0.3　　Q0.3 — 真空吸盘
料仓物料有无 — I0.4　　Q0.4 — 吸料气缸左摆
推料气缸缩回到位 — I0.5　　Q0.5 — 吸料气缸右摆
推料气缸伸出到位 — I0.6
检测物料推出到位 — I0.7

24V　　　24V

摆动气缸左限位 — I1.0
摆动气缸右限位 — I1.1

24V　　　24V

图 5-3-5　供料单元 PLC 的 I/O 接线图

5.3.4 供料单元控制功能程序设计与调试

1. 控制工艺要求

1）HIM 触摸屏控制功能要求

触摸屏应该设置 4 个界面：登录界面、手动界面、自动界面、报警界面，对各个界面的表述如下。

① 登录界面：可以设置账户登录和注销，自行设置账户名和密码。

② 手动界面：可以手动控制每个输出的动作，按下一次执行动作，再次按下回到初始状态，如红灯，按一次亮，按两次灭；单作用气缸（如夹爪气缸），按一次夹紧物料，再按一次松开物料；双作用气缸控制的动作具有自保持功能，只需要按一次即可。

③ 自动界面：能够通过触摸屏进行加料操作，具备每个按钮和开关的功能，详见 I/O 地址分配表；可以通过"单机/联机"开关进行自动单周期和自动循环模式的切换；能够进行工作任务的设定。

④ 报警界面：能够对料筒内无料进行报警，能够对设备不在初始状态进行错误报警，能够对已经完成的物料任务进行报警提示，能够在按下急停按钮后报警。

2）系统初始化

设备上电后，在自动模式下，按下复位按钮，进行初始化操作：推料气缸缩回到位，摆动气缸处于初始工位，真空吸盘处于松开状态。

3）系统运行过程

① 按下复位按钮，系统进行复位状态检测，判断是否处于初始状态，若不在初始状态，则回到初始状态。

② 按下启动按钮，若物料检测传感器检测到有物料，则推料气缸推出，推出到位后，检测物料到位传感器检测到物料，摆动气缸向左摆动，吸盘吸取物料，摆动气缸向右摆动，释放物料。

③ 供料单元有自动单周期、自动循环两种工作模式。无论在哪种工作模式的控制任务中，设备都必须处于初始状态，否则不允许启动。

④ 自动单周期模式：当设备满足启动条件后，按下启动按钮后按照控制任务要求开始运行，完成一个周期后停止；再次按启动按钮才进行新周期的运行。

⑤ 自动循环模式：复位完成后，按下启动按钮，系统按控制任务要求完成整个运行过程，自动完成触摸屏搬运任务要求的工件数目后回到初始状态。若需要开始新的供料任务，则需要复位后重新设置工件数目，按启动按钮重新启动设备搬运过程。如果按下停止按钮，设备就不再执行新的工件搬运任务，但要在完成当前的任务后才停止运行。停止运行后，各执行机构应回到初始状态；若需要再次启动，则必须重新按下启动按钮，重新开始计数周期。

4）系统正常停止

按下停止按钮，完成当前周期的工作后，所有机构回到初始位置，系统停机。

5）系统急停

按下急停按钮，系统立刻停机，复位后方能启动。

6）系统指示灯

① 当系统不工作时，红灯常亮。

② 当系统不满足初始状态时，红灯闪烁。

③ 当系统运行时，绿灯常亮。

④ 当系统急停时，红灯以 2Hz 的频率闪烁。

供料单元控制工艺流程图如图 5-3-6 所示。

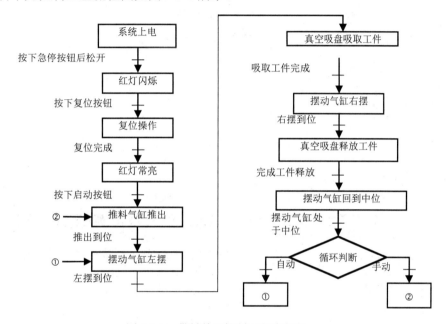

图 5-3-6　供料单元控制工艺流程图

2．程序设计

供料单元的动作较为简单，编程方法是将模块化编程与线性化编程相结合。因学习需要，手动程序用 S7-SCL 语言编写，自动程序用 LAD 语言编写，方便学习者接触 SCL 语言。相对于西门子 PLC 其他类型的编程语言，S7-SCL 与计算机高级编程语言有着相近的特性，只要使用者接触过 PASCAL 或 VB 编程语言，实现 S7-SCL 的快速入门就是非常容易的。

S7-SCL 为 PLC 做了优化处理，它不仅具有 PLC 典型的元素（如输入/输出、定时器、计数器、符号表等），还具有高级语言的特性（如循环、选择、分支、数组、高级函数等）。

S7-SCL 适用于以下任务：复杂运算功能、复杂数学函数、数据管理、过程优化。本案例中的手动功能就是用 SCL 语言编程实现的。

1）设备组态

根据电气硬件设备的要求，对设备进行组态，分配不同的 IP 地址，供料单元设备组态如图 5-3-7 所示。采用 PROFINET 接口通信，IP 地址分配如下。

PLC_1 [CPU 1512C-1 PN]：192.168.0.1。

HMI_1 [KTP900 Basic PN]：192.168.0.2。

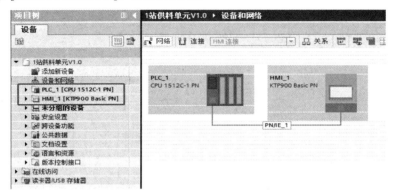

图 5-3-7　供料单元设备组态

2）新建需要用的变量

新建所需的 HMI 变量，如图 5-3-8 所示，新建数据块。

图 5-3-8　新建所需的 HMI 变量

新建供料单元 PLC 变量表，如图 5-3-9 所示，名称为"1station"。

3）HMI 界面设计

HMI 界面设计包含登录界面、手动界面、自动界面、报警界面 4 个界面设计，分别如图 5-3-10、图 5-3-11、图 5-3-12 和图 5-3-13 所示。

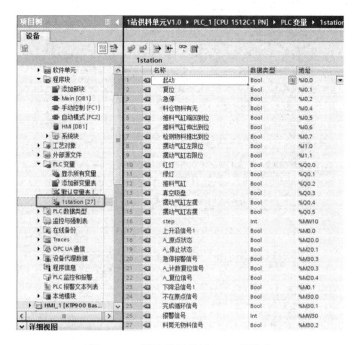

图 5-3-9 新建供料单元 PLC 变量表

图 5-3-10 供料单元登录界面

图 5-3-11 供料单元手动界面

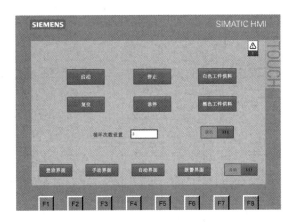

图 5-3-12　供料单元自动界面

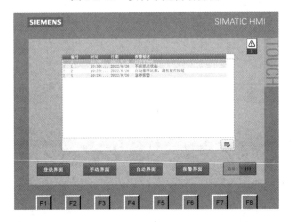

图 5-3-13　供料单元报警界面

供料单元报警 HMI 设置如图 5-3-14 所示。

图 5-3-14　供料单元报警 HMI 设置

4）程序编写

① 新建"手动控制""自动控制"FC 函数，并编写手动自动切换方式。供料单元 Main 程序如图 5-3-15 所示。

② 对于"手动控制"FC 函数，先"添加新块"，如图 5-3-16 所示，语言选择"SCL"语言。

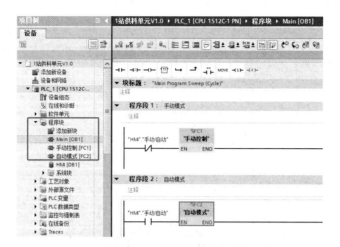

图 5-3-15 供料单元 Main 程序

图 5-3-16 新建 SCL 语言的 FC 函数

③ 在"手动控制"FC 函数里编写手动控制功能，如图 5-3-17 所示。

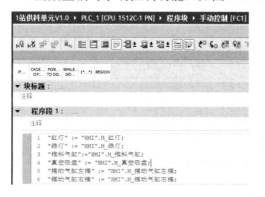

图 5-3-17 供料单元"手动控制"FC 函数程序编写

④ 在"自动控制"FC 函数里编写自动控制功能，如图 5-3-18 所示。

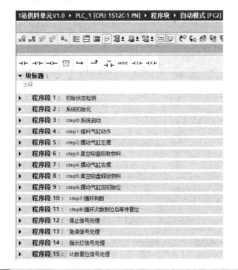

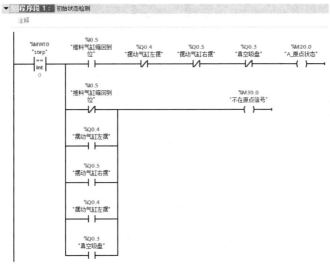

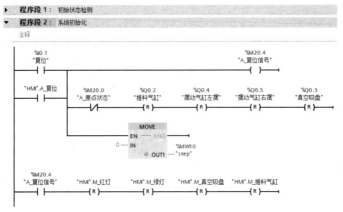

图 5-3-18 供料单元"自动控制"FC 函数程序编写

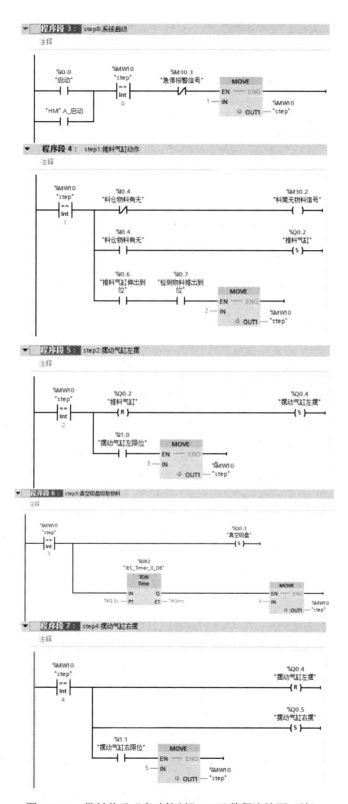

图 5-3-18　供料单元"自动控制"FC 函数程序编写（续）

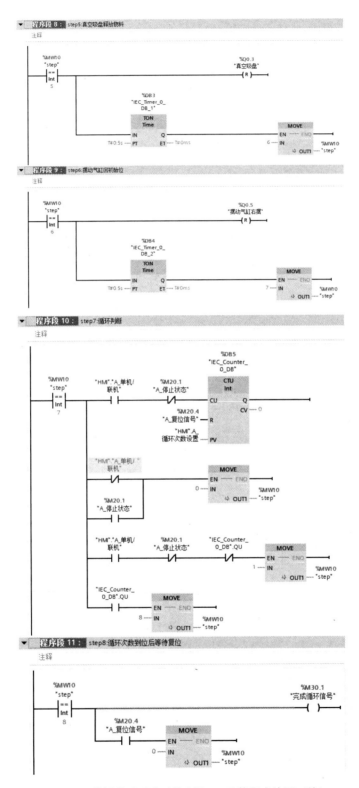

图 5-3-18 供料单元 "自动控制" FC 函数程序编写（续）

程序段 12： 停止信号处理

注释

```
"HMI".A_停止                                              %M20.1
   ┤├                                                  "A_停止状态"
                                                          ─( S )─


%MW10
"step"                                                   %M20.1
 ==                                                    "A_停止状态"
 Int                                                      ─( R )─
  0
```

程序段 13： 急停信号处理

注释

```
%I0.2          %M20.4                                    %M30.3
"急停"         "A_复位信号"                            "急停报警信号"
 ┤├             ─┤/├─                                    ─( )─

"HMI".A_急停                          ┌─────MOVE─────┐
  ┤├                                 EN        ENO
                                0 ─  IN              ┤├
                                              %QB0
%M30.3                                ↳ OUT1 ─ "Tag_1"
"急停报警信号"
  ┤├
```

程序段 14： 指示灯信号处理

注释

```
%MW10          %M20.0                                     %Q0.0
"step"        "A_原点状态"                               "红灯"
 ==             ┤├                                        ─( )─
 Int
  0            %M20.0         %M200.5
             "A_原点状态"    "Clock_1Hz"
               ─┤/├─           ┤├

%M30.3         %M200.3
"急停报警信号"  "Clock_2Hz"
  ┤├             ┤├

%MW10          %M30.1          %M30.3                      %Q0.1
"step"       "完成循环信号"  "急停报警信号"                "绿灯"
  >            ─┤/├─           ─┤/├─                       ─( )─
 Int
  0
```

程序段 15： 计数复位信号处理

注释

```
"IEC_Counter_                                            %M20.3
0_DB".QU                                              "A_计数复位信号"
  ┤├                                                     ─( )─

%I0.0
"起动"
  ┤├

"HMI".A_起动
  ┤├

%I0.2
"急停"
 ─┤/├─

"HMI".A_急停
 ─┤/├─
```

图 5-3-18 供料单元"自动控制"FC 函数程序编写（续）

3．程序调试

编写完供料单元程序后，通过 4.2 节介绍的方法进行仿真调试，具体步骤如下。

① 打开 S7-PLCSIM Advanced V3.0 软件，新建一个 S7-1500 虚拟 PLC。

② 在 TIA V16 软件上将所写的程序下载到虚拟 PLC 中。

③ 在 NX 12.0 中进行外部信号配置，进行相关信号映射并启动仿真。

图 5-3-19 所示为供料单元仿真调试程序功能图。

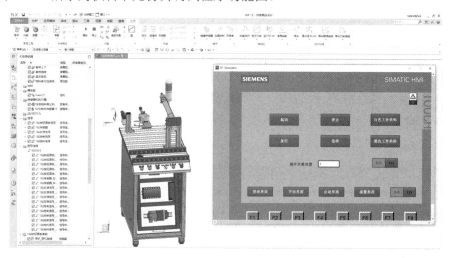

图 5-3-19　供料单元仿真调试程序功能图

通过这个单元的学习，实现了供料单元的动作，进行了自动化生产线控制系统的设计与调试，完整展现了自动化生产线设备电气控制系统的设计过程。

思考与练习

实训 5-3　供料单元设计与调试

工作任务	供料单元设计与调试	学习心得
注意事项	① 本实训台采用交流 380V 供电； ② 不能带电操作，在通电的情况下，不能接线、维护，不能触摸交流设备	
学习目标	① 能够根据控制系统的机械结构设计其功能并编程实现； ② 会用 HMI 触摸屏进行人机交互界面设计； ③ 根据网络拓扑进行硬件网络组态调试连接； ④ 调试设备电气元件； ⑤ 调试 PLC 程序，直至硬件设备可以稳定运行	
器材检查	自动化生产线实训设备 1 套，包含： ① 1 套 TIA V16 软件和 1 套 UG NX 12.0 软件； ② 1 台 PLC 控制器，型号为 CPU 1512C-1 PN，订货号为 6ES7 512-1CK01-0AB0； ③ 1 台触摸屏，型号为 KTP900 Basic，订货号为 6AV2 123-2JB03-0AX0； ④ 数字孪生虚拟仿真实训设备（如 UG NX 12.0 软件上的 3D 仿真平台）	

续表

工作任务	供料单元设计与调试			学习心得
任务要求	完成以下控制任务，具体控制任务要求见 5.2.4 节，包括以下内容： ① 实现设备控制工艺功能； ② 能够实现任务中的人机界面要求； ③ 根据网络拓扑结构进行硬件网络组态调试连接； ④ 调试设备电气元件； ⑤ 实现虚拟仿真调试，实现仿真功能； ⑥ 调试 PLC 程序，直至硬件设备可以稳定运行			
总结	请自行总结功能完成情况、功能改进及程序优化等，完成课程报告书			
评分	考核标准		权重	得分
	人机界面的功能，少 1 个功能扣 1 分，扣完为止		15%	
	虚拟调试	用户登录功能实现	5%	
		手动功能实现：少 1 个功能扣 1 分，扣完为止	10%	
		报警功能实现：少 1 个功能扣 2 分，扣完为止	10%	
		自动功能实现，少 1 个功能扣 5 分，扣完为止	30%	
	虚拟功能实现：少 1 个功能扣 2 分，扣完为止		20%	
	程序结构可读性强、可靠性高、稳定性强		5%	
	能够安全规范地操作		5%	
	总分		100%	

任务 5.4　操作手单元设计与调试

任务描述

在自动化生产线中，除了用无杆气缸将工件直线搬运，还可以用摆动气缸实现工件的曲线搬运，在一些短距离、非直线的搬运工作中，往往选择摆动气缸进行工件的搬运工作。操作手单元将工件从一个工作单元搬至下一个工作单元，同时辨别工件的上下两部分的颜色是否相同，将颜色不相同的工件放至次品区，将颜色相同的工件放至待取件区，准备让下一个设备取走加工。

教学目标

知识目标	技能目标	素养目标
（1）熟悉通过旋转气缸实现物料搬运的方法； （2）熟知利用传感器获取不同颜色物料的方法；	（1）能进行操作手单元设备机械结构检修与维护； （2）能够正确进行气动控制分析；	（1）通过对旧知识的重复应用，培养学生寻求不同的方法、精益求精的学习精神；

知识目标	技能目标	素养目标
（3）掌握运用选择分支处理不同物料的工艺方法； （4）熟知磁感应式接近开关、漫反射式光电式接近开关、光电式接近开关的应用方法； （5）熟悉操作手单元的虚拟调试方法	（3）能够进行操作手单元的电气系统及各种传感器的安装与调试； （4）会根据应用场合和功能进行传感器的选择，并用 PLC 处理相关数据； （5）会进行操作手单元的电气控制系统设计，并通过编程实现其功能	（2）学习新知识，并能总结提高，深入分析，培养学生对科学技术的探索精神； （3）培养自动化工程师的设计思维

5.4.1 操作手单元机械结构与功能分析

操作手单元是具有 4 个自由度柔性配置的运动装置，通过摆动气缸左右摆动、直线防转气缸上升下降、气动手爪松紧、推料气缸伸出缩回实现工件的搬运和分类。图 5-4-1 所示为操作手单元的整体结构图。操作手单元主要由提取模块、摆动模块、推料模块、I/O 转换端口模块、电气控制模块、操作面板、CP 电磁阀岛及气动三联件组成。其中，I/O 转换端口模块、电气控制模块、操作面板、气动三联件已经在前面的章节介绍过了。对于提取模块，在搬运单元中采用一样的机械结构实现工件的抓取与升降动作，所以此处不再赘述。这里主要介绍摆动模块与推料模块的机械结构与功能。

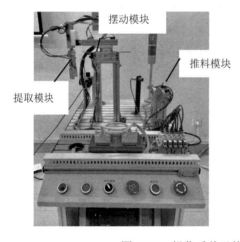
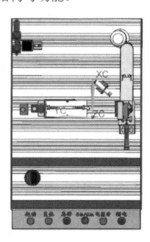

图 5-4-1 操作手单元的整体结构图

（1）如图 5-4-2 所示，摆动模块主要由双活塞气缸、摆动气缸组成。其中，双活塞气缸可以实现机械手的伸出与缩回动作，可以将机械手先伸到前一工位抓取工件，再缩回，摆动到位后伸出放下工件。双活塞气缸上安装有两个磁感应式接近开关，可以检测到伸出与缩回动作的两个极限位置。摆动气缸就像机械的肩关节，实现机械手的左右摆动，其转动范围是 0°～180°，摆动气缸上面安装了两个磁感应式接近开关，用于检测左右摆动的两个极限位置。

（2）推料气缸主要实现将安装不正确的工件推进废料槽，将安装正确的工件留在待取件区。推料模块结构图如图 5-4-3 所示。推料气缸由笔形气缸及其上弧形推杆组成，能够准确地把废料推入废料槽。其旁边的光电式接近开关可以检测工件上半部分的颜色，与在待取件区的传感器的信号进行对比，若颜色一样，则是合格品，若颜色不一样，则将其推入废料槽。笔形气缸上有个磁感应式接近开关可以检测笔形气缸是否伸出到位。

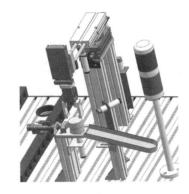

图 5-4-2　摆动模块结构图　　　　　　图 5-4-3　推料模块结构图

5.4.2　操作手单元气动控制系统设计与调试

通过对操作手单元的机械结构与功能进行分析可知，需要 5 个气缸工作，并配备 5 个电磁阀，操作手单元电磁阀岛实物图如图 5-4-4 所示。手爪升降气缸为机械手的上升与下降执行元件，由一个单作用二位五通电磁阀控制；手爪伸缩气缸控制气动机械手的伸出与缩回动作，由双电控二位五通电磁阀控制；摆动气缸由一个双电控二位五通电磁阀控制，控制其左右摆动；手爪气缸由单电控二位五通电磁阀控制，实现气动手爪的夹紧与松开动作，在这里，夹紧动作是置"1"位还是置"0"位可以通过测试得出；推料气缸由单电控二位五通电磁阀控制，实现推料杆的伸出与缩回动作，图 5-4-5 所示为操作手单元气动原理图。每个气缸的调试方法可参考搬运单元。

图 5-4-4　操作手单元电磁阀岛实物图

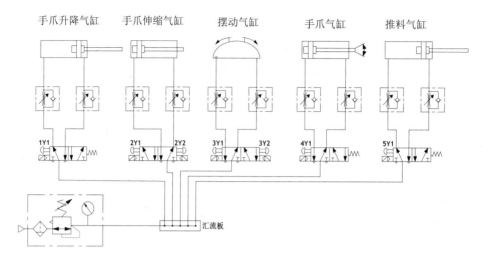

图 5-4-5　操作手单元气动原理图

5.4.3　操作手单元电气控制系统设计与调试

根据机械结构功能分析，结合气动控制系统设计，设计出 I/O 分配方案，如表 5-4-1 所示。

表 5-4-1　I/O 分配方案

I/O 分配	输入点分配	I0.0～I0.3 输入端口被分配给各单元的操作面板使用，共 4 个点；I0.4～I2.0 被分配给传感器使用，共 12 个点
	输出点分配	Q0.0～Q1.1 输出端口被分配给各工作台面上设备的输出信号使用，用于控制指示灯和各类气缸的动作，共 9 个点
	备用点分配	PLC 的 I2.2～I3.7 输入端口、Q1.1～Q3.7 输出端口被分配给各单元的 I/O 通信转换模块使用，并供系统扩充备用

设计好 I/O 分配方案后，就可以进行具体 I/O 地址分配了，表 5-4-2 所示为操作手单元的 PLC 的 I/O 地址分配表。

表 5-4-2　操作手单元的 PLC 的 I/O 地址分配表

序号	地址	符号	名称	功能
1	I0.0	SB1	按钮	启动
2	I0.1	SB2	按钮	复位
3	I0.2	SB3	按钮	急停
4	I0.3	SA	开关	单机/联机
5	I0.4	1B1	磁感应式接近开关	摆动气缸左限位
6	I0.5	1B2	磁感应式接近开关	摆动气缸右限位

续表

序号	地址	符号	名称	功能
7	I0.6	2B1	磁感应式接近开关	手爪伸缩气缸缩回到位
8	I0.7	2B2	磁感应式接近开关	手爪伸缩气缸伸出到位
9	I1.0	3B1	磁感应式接近开关	手爪升降气缸上升到位
10	I1.1	3B2	磁感应式接近开关	手爪升降气缸下降到位
11	I1.2	4B1	电感式接近开关	推料气缸伸出到位
12	I1.3	4B2	电感式接近开关	推料气缸缩回到位
13	I1.4	5B1	磁感应式接近开关	手爪气缸夹紧到位
14	I1.5	5B2	磁感应式接近开关	手爪气缸松开到位
15	I1.6	6B	漫反射式光电式接近开关	上面物料颜色检测 （非黑色 1，黑色 0）
16	I1.7	7B	光纤传感器	物料到推料位置检测
17	I2.0	8B	漫反射式光电式接近开关	下面物料颜色检测 （非黑色 1，黑色 0）
18	Q0.0	HL1	红灯显示灯	红灯
19	Q0.1	HL2	绿色显示灯	绿灯
20	Q0.2	Y1	单电控电磁阀	手爪升降气缸
21	Q0.4	Y2	双电控电磁阀	手爪伸缩气缸伸出
22	Q0.5	Y3	双电控电磁阀	手爪伸缩气缸缩回
23	Q0.6	Y4	双电控电磁阀	摆动气缸左旋
24	Q0.7	Y5	双电控电磁阀	摆动气缸右旋
25	Q1.0	Y6	单电控电磁阀	手爪气缸
26	Q1.1	Y7	单电控电磁阀	推料气缸

根据 I/O 口的需要，本单元选用的是 S7-1500 CPU 的 PLC，配置两个数字量模块。图 5-4-6 所示为操作手单元 PLC 的 I/O 接线图，其中，I2.0 为另一个数字量模块分配输入端口，这里省略不画。

当摆动气缸转动到行程位置时，电感式接近开关检测到摆动气缸的金属块贴近左限位或右限位时，输出信号为"1"，此时与之接线的 PLC 地址 I0.5 或 I0.6 的灯会亮，通过摆动气缸所接电磁阀的手动按钮使摆动气缸左右摆动，确定具体的左限位和右限位的 I/O 地址。若电感式接近开关 LED 状态指示灯不亮，则可能是因为气缸的金属底部不在接近开关的检测范围之内，此时应先松开接近开关的安装固定螺母，调整并缩短电感式接近开关与摆动气缸的间距，直到其 LED 状态指示灯稳定显示为止，再锁紧螺母。若两者之间的距离已缩短到很短，仍然没有检测到信号输出，则可能是因为电感式接线开关的线路故障，可检查接线是否松脱，若接线松脱，则重新接好便可以；若接线没有问题，则有可能是因为电感式接近开关损坏，需要更换开关。

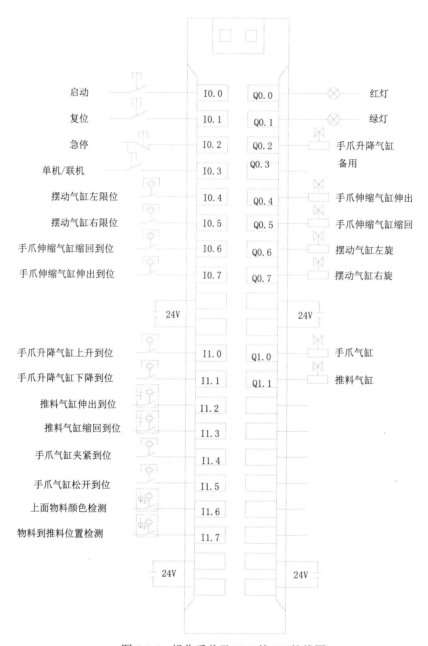

图 5-4-6 操作手单元 PLC 的 I/O 接线图

5.4.4 操作手单元控制功能程序设计与调试

1. 控制工艺要求

前面已对设备的机械结构与功能进行了分析，并对操作手单元的机械设备运行特点进行了生产工艺分析，在考虑程序的功能性的同时，还要考虑程序执行后的安全性、稳定性及运行效率，设计出可靠性高、安全性高的程序。操作手单元控制工艺流程的要求如下。

1）HIM 触摸屏控制功能要求

触摸屏应该设置 4 个界面：登录界面、手动界面、自动界面、报警界面，对各个界面的表述如下。

① 登录界面：可以设置账户登录和注销，自行设置账户名和密码。

② 手动界面：可以手动控制每个输出的动作，按下一次执行动作，再次按下回到初始状态，如红灯，按一次亮，按两次灭；单作用气缸（如推料气缸），按一次推出物料，再按缩回；双作用气缸控制的动作有自保持功能，只需要按一次即可。

③ 自动界面：具备每个按钮和开关的功能，详见 I/O 地址分配表；可以通过"单机/联机"开关进行自动单周期和自动循环模式的切换；能够进行工作任务的设定，能够在 HMI 上显示工件周期。

④ 报警界面：能够对设备不在初始状态进行错误报警，对已经完成的订单任务进行报警提示，按下急停按钮有错误报警提示，按下停止按钮有报警提示。

2）系统初始化

设备上电后，在自动模式下，按下复位按钮后，进行初始化操作：摆动气缸处于左转状态，气爪升降气缸处于上升状态，气爪伸缩气缸处于缩回状态，气动手爪处于松开状态。

3）系统运行过程

① 按下复位按钮，系统进行复位状态检测，判断是否处于初始状态，若不在初始状态，则回到初始状态。

② 按下启动按钮，气爪伸缩气缸伸出，气爪升降气缸下降，气动手爪夹紧，抓取工件，抓取工件后，下面物料颜色检测传感器检测并获取底部物料的颜色信息。之后气爪升降气缸上升，气爪伸缩气缸缩回。

③ 气爪伸缩气缸缩回到位后，摆动气缸向右转动。到达右限位后，气爪伸缩气缸伸出，气爪升降气缸下降，气动手爪释放工件。松开到位后，气爪升降气缸上升，气爪伸缩气缸缩回，完成工件的搬运工作。

④ 完成工件释放后，上面物料颜色检测传感器检测并获取上面部分物料的颜色信息，摆动气缸向左转动，左转到位后，完成当前工作任务，回到初始状态，准备进行新一轮的工作。

⑤ 对下面物料颜色检测传感器与上面物料颜色检测传感器检测到的物料颜色进行对比，如果是一样的颜色，说明是正常安装的物料，那么放在原位，等待下一个工作单元取走；如果颜色不一致，说明是废品，那么推料气缸动作，将其推入废料槽。

⑥ 操作手单元有自动单周期、自动循环两种工作模式。无论在哪种工作模式的控制任务中，设备都必须处于初始状态，否则不允许启动。

⑦ 自动单周期模式：当设备满足启动条件后，按下启动按钮后，按照控制任务的要求开始运行，完成一个周期的任务后停止；再次按启动按钮，才进行新周期的运行。

⑧ 自动循环工作模式：复位完成后，按下启动按钮，系统按控制任务的要求完成整个运行过程，自动完成触摸屏任务要求的工件数目后回到初始状态。若需要开始新的工作任务，则需要复位后重新设置工件数目，按启动按钮，重新启动设备运行过程。如果按下停止按钮，操作手单元就不再执行新的工作任务了，但要在完成当前的任务后才停止运行。停止运行后，各执行机构应回到初始状态；若需要再次启动，则必须重新按下启动按钮。

4）系统正常停止

按下停止按钮，完成当前任务后，所有机构回到初始位置，系统停机。

5）系统急停

按下急停按钮，系统立刻停机，复位后方能启动。

6）系统指示灯

① 当系统不工作时，红灯常亮。

② 当系统不满足初始状态时，红灯闪烁。

③ 当系统运行时，绿灯常亮。

④ 当系统急停时，红灯以 2Hz 的频率闪烁。

操作手单元控制工艺流程图如图 5-4-7 所示。

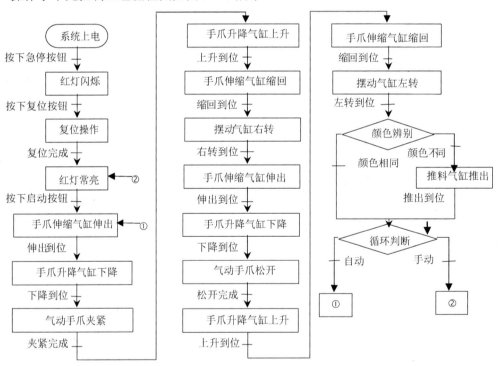

图 5-4-7 操作手单元控制工艺流程图

2. 程序设计

结构化编程的程序结构图如图 5-4-8 所示，结构化编程是指将过程要求类似或相关的任务归类，形成通用的解决方案，在相应的程序块中编程，可以在 OB1 或其他程序块中调用。该程序块编程时采用形式参数，可以通过不同的实际参数调用相同的程序块。在结构化编程中，被调用块和调用块之间有数据交换，需要对数据进行管理。结构化编程必须对系统功能进行合理的分析、分解和综合，对编程设计人员的要求较高。

1）设备组态

根据电气硬件设备的要求，对设备进行组态，操作手单元设备组态如图 5-4-9 所示，分配不同的 IP 地址。采用 PROFINET 接口通信，IP 地址分配如下。

PLC_1 [CPU 1512C-1 PN]：192.168.0.1。

HMI_1 [KTP900 Basic PN]：192.168.0.2。

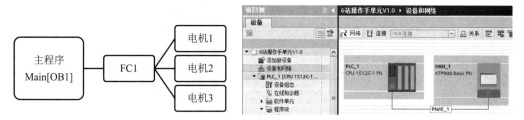

图 5-4-8　结构化编程的程序结构图　　　　图 5-4-9　操作手单元设备组态

2）新建需要用的变量

新建所需的 HMI 变量，如图 5-4-10 所示，新建数据块。

图 5-4-10　新建所需的 HMI 变量

新建所需的 HMI 变量，操作手单元 PLC 默认变量表如图 5-4-11 所示，新建 PLC 变量，名称为"6station"，操作手单元 PLC 变量表如图 5-4-12 所示。

3）HMI 界面设计

HMI 界面设计包含登录界面、手动界面、自动界面、报警界面 4 个界面设计，分别如图 5-4-13、图 5-4-14、图 5-4-15、图 5-4-16 所示。操作手单元 HMI 报警设置如图 5-4-17 所示。

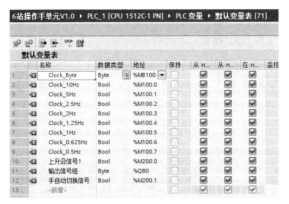

图 5-4-11　操作手单元 PLC 默认变量表

图 5-4-12　操作手单元 PLC 变量表

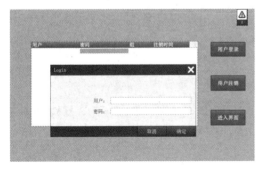

图 5-4-13　操作手单元登录界面

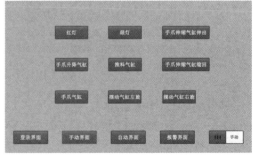

图 5-4-14　操作手单元手动界面

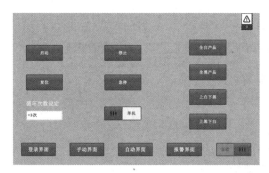

图 5-4-15　操作手单元自动界面

图 5-4-16　操作手单元报警界面

图 5-4-17　操作手单元 HMI 报警设置

4）程序编写

① 新建"手动模式""自动模式"FB 函数，并编写手动自动切换方式。其中，"手动模式"没有设置接口。"自动模式"接口参数设置如图 5-4-18 所示。

图 5-4-18　"自动模式"接口参数设置

操作手单元 Main 程序如图 5-4-19 所示。

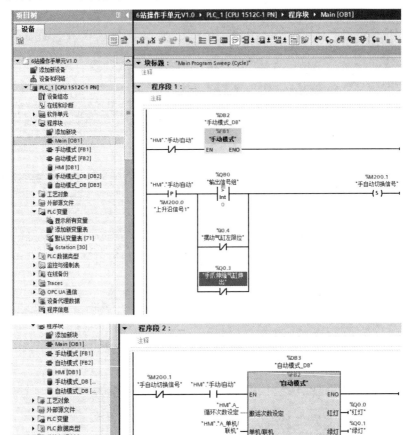

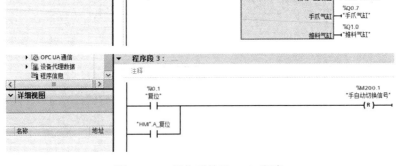

图 5-4-19 操作手单元 Main 程序

② "手动模式" FB 函数如图 5-4-20 所示。

③ 在"自动模式" FC 函数里编写自动功能，如图 5-4-21 所示。

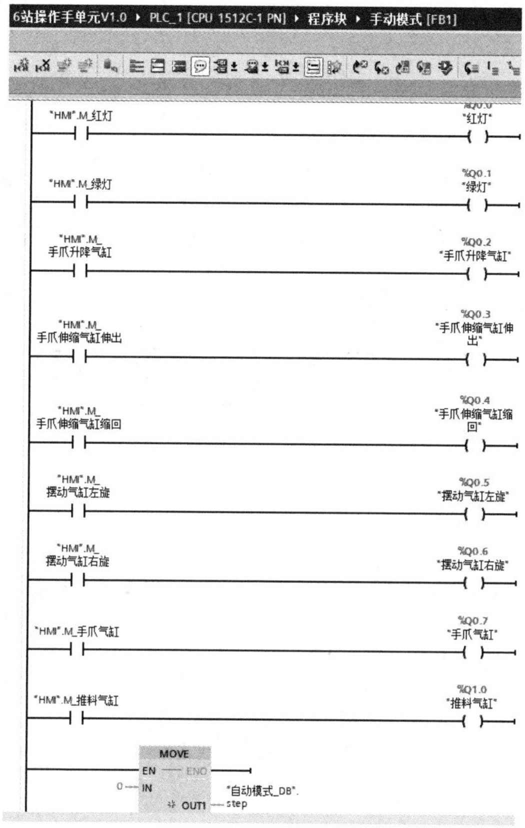

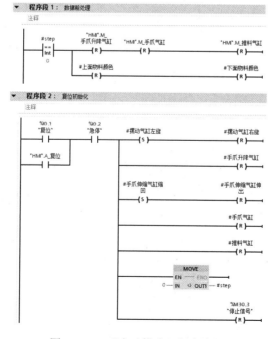

图 5-4-20　"手动模式"FB 函数

图 5-4-21　"自动模式"程序编写

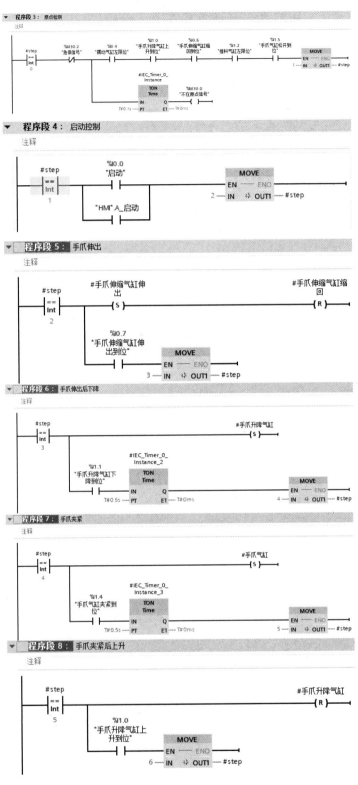

图 5-4-21　"自动模式"程序编写（续）

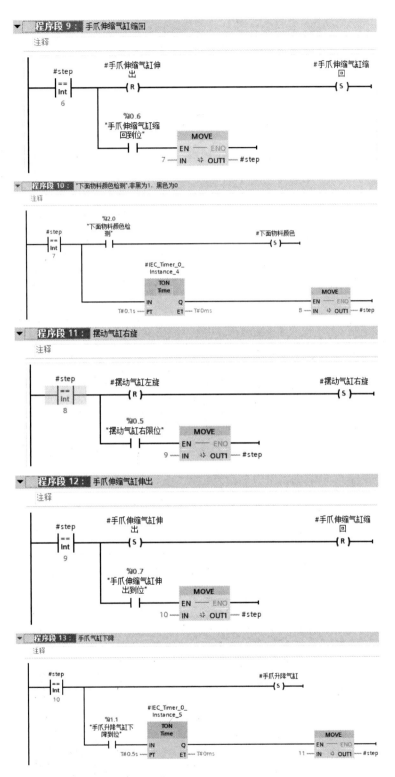

图 5-4-21　"自动模式"程序编写（续）

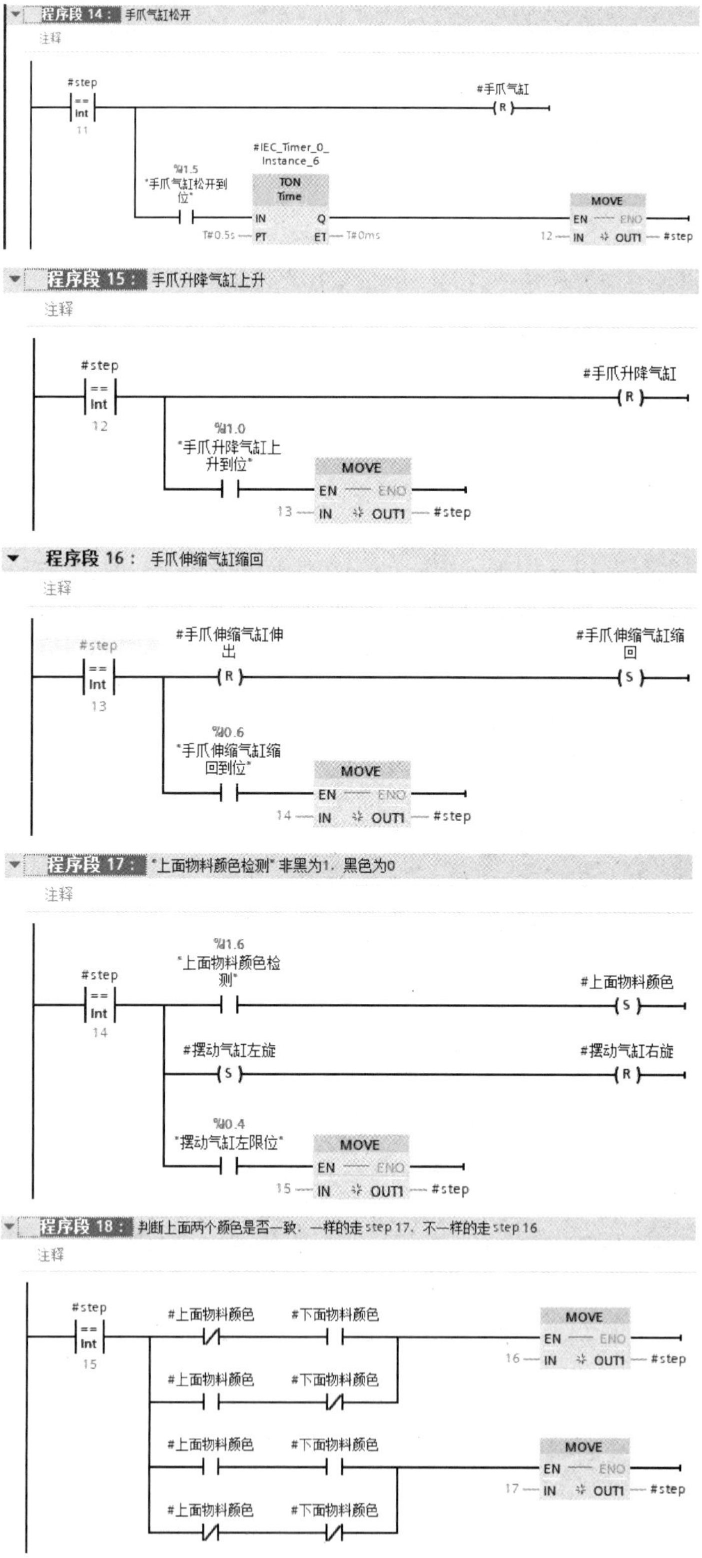

程序段 14： 手爪气缸松开
注释
#step
==
Int
11
#手爪气缸
R
#IEC_Timer_0_Instance_6
%I1.5
"手爪气缸松开到位"
TON
Time
IN
Q
T#0.5s
PT
ET
T#0ms
MOVE
EN
ENO
12
IN
OUT1
#step
程序段 15： 手爪升降气缸上升
注释
#step
==
Int
12
#手爪升降气缸
R
%I1.0
"手爪升降气缸上升到位"
MOVE
EN
ENO
13
IN
OUT1
#step
程序段 16： 手爪伸缩气缸缩回
注释
#step
==
Int
13
#手爪伸缩气缸伸出
R
#手爪伸缩气缸缩回
S
%I0.6
"手爪伸缩气缸缩回到位"
MOVE
EN
ENO
14
IN
OUT1
#step
程序段 17： "上面物料颜色检测" 非黑为1，黑色为0
注释
#step
==
Int
14
%I1.6
"上面物料颜色检测"
#上面物料颜色
S
#摆动气缸左旋
S
#摆动气缸右旋
R
%I0.4
"摆动气缸左限位"
MOVE
EN
ENO
15
IN
OUT1
#step
程序段 18： 判断上面两个颜色是否一致，一样的走 step 17，不一样的走 step 16
注释
#step
==
Int
15
#上面物料颜色
#下面物料颜色
MOVE
EN
ENO
16
IN
OUT1
#step
#上面物料颜色
#下面物料颜色
#上面物料颜色
#下面物料颜色
MOVE
EN
ENO
17
IN
OUT1
#step
#上面物料颜色
#下面物料颜色

图 5-4-21 “自动模式”程序编写（续）

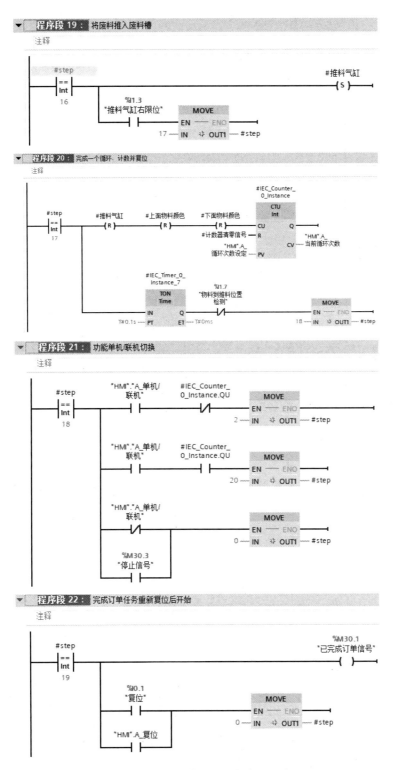

图 5-4-21　"自动模式"程序编写（续）

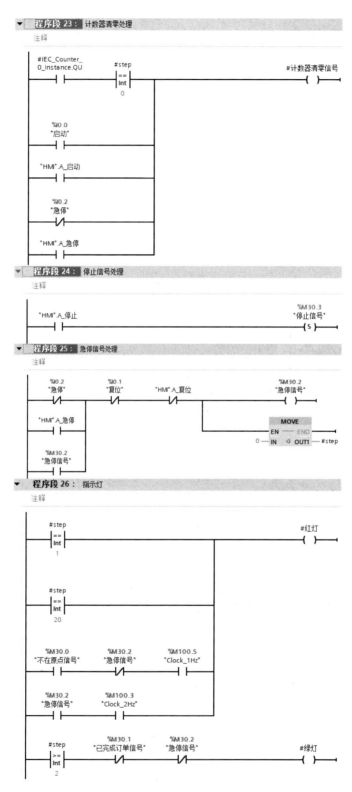

图 5-4-21   "自动模式"程序编写（续）

编写完操作手单元程序后，通过 4.2.2 节介绍的方法进行仿真调试，具体步骤如下。

① 打开 S7-PLCSIM Advanced V3.0 软件，新建一个 S7-1500 虚拟 PLC。

② 在 TIA V16 软件上将所写的程序下载到虚拟 PLC 中。

③ 在 NX 12.0 中进行外部信号配置，进行相关信号映射并启动仿真。

图 5-4-22 所示为操作手单元仿真调试程序功能图。

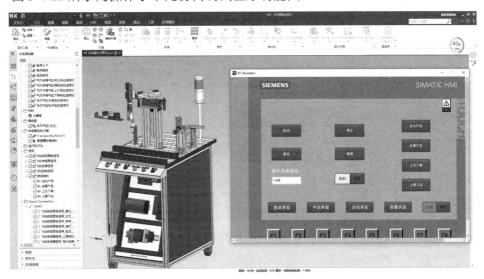

图 5-4-22　操作手单元仿真调试程序功能图

通过这个单元的学习，实现了操作手单元的动作，进行了自动化生产线控制系统的设计与调试，完整展现了自动化生产线设备电气控制系统的设计过程。

思考与练习

实训 5-4　操作手单元设计与调试

工作任务	操作手单元设计与调试	学习心得
注意事项	① 本实训台采用交流 380V 供电； ② 不能带电操作，在通电的情况下，不能接线、维护，不能触摸交流设备等	
学习目标	① 能够根据控制系统的机械结构设计其功能并编程实现； ② 会用 HMI 触摸屏进行人机交互界面设计； ③ 根据网络拓扑结构进行硬件网络组态调试连接； ④ 调试设备电气元件； ⑤ 调试 PLC 程序，直至硬件设备可以稳定运行	
器材检查	自动化生产线实训设备 1 套，包含： ① 1 套 TIA V16 软件和 1 套 UG NX 12.0 软件； ② 1 台 PLC 控制器，型号为 CPU 1512C-1 PN，订货号为 6ES7 512-1CK01-0AB0； ③ 1 台触摸屏，型号为 KTP900 Basic，订货号 6AV2 123-2JB03-0AX0； ④ 操作手单元数字孪生虚拟仿真实训设备（如 UG NX 12.0 软件上的 3D 仿真平台）	

工作任务	操作手单元设计与调试		学习心得
任务要求	在实验室的综合机上完成以下控制任务，具体控制任务要求见 5.4.4 节，包括以下内容： ① 实现综合机的控制工艺功能； ② 能够实现人机界面要求； ③ 根据网络拓扑结构进行硬件网络组态调试连接； ④ 调试设备电气元件； ⑤ 实现虚拟仿真调试，实现仿真功能； ⑥ 调试 PLC 程序，直至硬件设备可以稳定运行		
总结	请自行总结功能完成情况、功能改进及程序优化等方面，完成课程报告书		

评分	考核标准		权重	得分
	人机界面的功能，少 1 个功能扣 1 分，扣完为止		15%	
	虚拟调试	手动功能实现：少 1 个功能扣 1 分，扣完为止	10%	
		报警功能实现：少 1 个功能扣 2 分，扣完为止	10%	
		自动功能实现，少 1 个功能扣 5 分，扣完为止	30%	
	虚实联调功能实现：少 1 个功能扣 2 分，扣完为止		20%	
	程序结构可读性强、可靠性高、稳定性强		10%	
	能够安全规范地操作		5%	
	总分		100%	

任务 5.5　安装单元设计与调试

任务描述

在自动化生产线生产过程中有些需要进行安装的场合，安装单元通过设计两个料芯供料筒实现料芯的交替供料，同时，安装单元将料芯安装好后，由摆动气缸将安装好料芯的工件搬运至待取件区，等待下一个工作单元取走加工。

教学目标

知识目标	技能目标	素养目标
（1）熟悉安装单元的机械结构功能； （2）掌握安装单元气动控制系统的设计； （3）熟知磁感应式接近开关、光纤传感器的应用； （4）熟悉安装单元电气控制系统的编程方法与设计流程； （5）熟知基于数字孪生技术的虚拟调试方法	（1）能进行安装单元设备机械结构的检修与维护； （2）能够正确进行气动控制分析，并能进行检修维护； （3）能够进行安装单元的电气系统和磁感应式接近开关的安装与调试； （4）会利用 PLC 获取相关传感器的数据； （5）会进行操作手单元的电气控制系统设计与实现	（1）通过对旧知识的重复应用，培养学生寻求不同的方法、精益求精的学习精神； （2）学习新知识，并能总结提高，深入分析，培养学生对科学技术的探索精神； （3）培养自动化工程师的设计思维

5.5.1 安装单元机械结构与功能分析

安装单元主要由供料模块和提取模块组成，安装单元整体结构图如图 5-5-1 所示。其中，供料模块和提取模块分别如图 5-5-2 和图 5-5-3 所示。提取模块在 5.4 节操作手单元中已经做了介绍，这里介绍供料模块的机械组成，供料模块由两个料筒实现交替供料，其中，一个笔形气缸实现供料筒换向供料，另一个笔形气缸实现推料功能，将物料推出料筒，送至料芯待安装区，安装完毕并送至半成品待取件区，供提取模块取走。

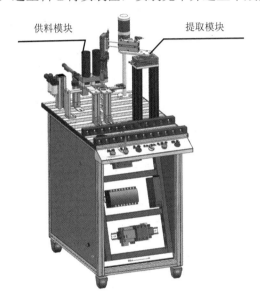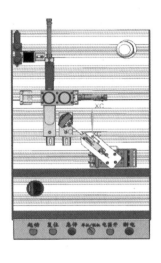

图 5-5-1 安装单元整体结构图

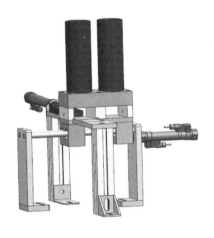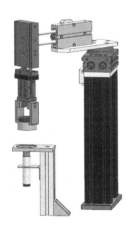

图 5-5-2 供料模块   图 5-5-3 提取模块

5.5.2 安装单元气动控制系统设计

安装单元的气动原理图如图 5-5-4 所示,其中,推料气缸的作用是将料芯工件从料筒中推出;物料台气缸控制料芯的交替供料;导杆气缸负责机械手的伸出和缩回;摆动气缸控制机械手的左右摆动,实现物料的搬运功能;直线防转气缸控制机械手上升与下降,气动手爪控制手爪的抓取与松开。

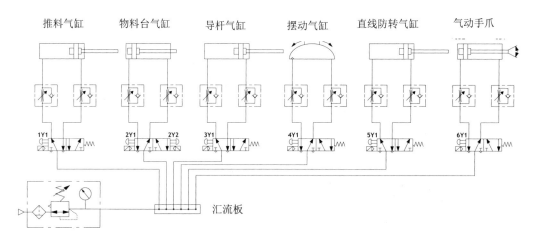

图 5-5-4　安装单元的气动原理图

5.5.3 安装单元电气控制系统设计

为方便学习,采用西门子 S7-1500 系统的 PLC,型号选择 CPU 1512C-1 PN,订货号为 6ES7 512-1CK01-0AB0;开发软件为 TIA V16。

根据机械结构功能分析,结合气动控制系统设计,设计出安装单元 I/O 分配方案,如表 5-5-1 所示。

表 5-5-1　安装单元 I/O 分配方案

I/O 分配	输入点分配	I0.0~I0.3 输入端口被分配给各单元的操作面板使用,共 4 个点;I0.4~I2.2 被分配给传感器使用,共 15 个点
	输出点分配	Q0.0~Q1.0 输出端口被分配给各工作台面上设备的输出信号使用,用于控制指示灯和各类气缸的动作,共 8 个点
	备用点分配	PLC 的 I2.3~I3.7 输入端口、Q1.1~Q3.7 输出端口被分配给各单元的 I/O 通信转换模块使用,并供系统扩充备用

设计好分配方案后,就可以进行具体 I/O 地址分配了,表 5-5-2 所示为安装单元的 PLC 的 I/O 地址分配表。

表 5-5-2　安装单元的 PLC 的 I/O 地址分配表

序号	地址	符号	名称	功能
1	I0.0	SB1	按钮	启动
2	I0.1	SB2	按钮	复位
3	I0.2	SB3	按钮	急停
4	I0.3	SA	开关	单机/联机
5	I0.4	1B	漫反射式光电式接近开关	物料到待取件区检测
6	I0.5	2B	光纤传感器	左边供料筒检测
7	I0.6	3B	光纤传感器	右边供料筒检测
8	I0.7	4B1	磁感应式接近开关	推料气缸缩回到位
9	I1.0	4B2	磁感应式接近开关	推料气缸伸出到位
10	I1.1	5B1	磁感应式接近开关	导杆气缸缩回到位
11	I1.2	6B2	磁感应式接近开关	导杆气缸伸出到位
12	I1.3	7B1	磁感应式接近开关	物料台左工位检测
13	I1.4	7B2	磁感应式接近开关	物料台右工位检测
14	I1.5	8B1	磁感应式接近开关	摆动气缸左工位
15	I1.6	8B2	磁感应式接近开关	摆动气缸右工位
16	I1.7	9B1	磁感应式接近开关	机械手升降气缸上升到位
17	I2.0	9B2	磁感应式接近开关	机械手升降气缸下降到位
18	I2.1	10B1	磁感应式接近开关	机械手爪松开
19	I2.2	10B2	磁感应式接近开关	机械手爪夹紧
20	Q0.0	HL1	红灯显示灯	红灯
21	Q0.1	HL2	绿色显示灯	绿灯
22	Q0.2	Y1	单电控电磁阀	推料气缸（推出为1）
23	Q0.3	Y2	双电控电磁阀	物料台左移
24	Q0.4	Y3	双电控电磁阀	物料台右移
25	Q0.5	Y4	单电控电磁阀	机械手伸缩气缸（伸出为1）
26	Q0.6	Y5	单电控电磁阀	机械手上下气缸（下降为1）
27	Q0.7	Y6	单电控电磁阀	摆动气缸（右摆为1）
28	Q1.0	Y7	单电控电磁阀	夹爪气缸夹紧（夹紧为1）

　　根据 I/O 口的需要，本单元选用 S7-1500 CPU 的 PLC，配置两个数字量模块。图 5-5-5 所示为安装单元 PLC 的 I/O 接线图，其中，I2.0、I2.1、I2.2 被分配给第一个数字量模块，这里省略不画。

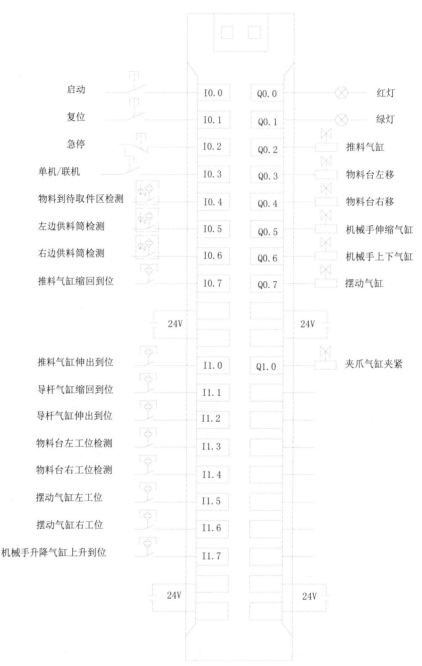

图 5-5-5　安装单元 PLC 的 I/O 接线图

5.5.4　安装单元控制功能程序设计与调试

1. 控制工艺要求

前面已对设备的机械结构与功能进行了分析，根据安装单元的机械设备运行特点进行生产工艺分析，在考虑程序的功能性的同时，还要考虑程序执行后的安全性、稳定性及运行效率，设计出可靠性高、安全性高的程序。安装单元控制工艺流程要求如下。

1）HIM 触摸屏控制功能要求

触摸屏应该设置 4 个界面：登录界面、手动界面、自动界面、报警界面。每个界面的表述如下。

① 登录界面：可以设置账户登录和注销，账户名和密码自行设置。

② 手动界面：可以手动控制每个输出的动作，按下一次执行动作，再次按下回到初始状态，如红灯，按一次亮，按两次灭；单作用气缸（如推料气缸），按一次推出物料，再按一次缩回；双作用气缸控制的动作有自保持功能，只需要按一次即可。

③ 自动界面：具备每个按钮和开关的功能，详见 I/O 地址分配表；可以通过"单机/联机"开关进行自动单周期和自动循环模式的切换；能够进行工作任务的设定，能够在HMI 上显示工件周期。

④ 报警界面：对待取件区的物料没被取走进行报警提示，能够对设备不在初始状态进行错误报警，对已经完成的订单任务进行报警提示，对按下急停按钮进行报警提示，对按下停止按钮进行报警提示，对两个料筒无料进行报警提示。

2）系统初始化

设备上电后，在自动模式下，按下复位按钮后，进行初始化操作：推料气缸处于缩回状态，料芯筒处于左边料筒供料状态，摆动气缸处于左边工位，气爪升降气缸处于上升状态，气爪伸缩气缸处于缩回状态，气动手爪处于松开状态。

3）系统运行过程

① 按下复位按钮，系统进行复位状态检测，判断是否处于初始状态，若不在初始状态，则回到初始状态。

② 按下启动按钮，推料气缸推出料芯，等上一个安装单元进行料芯的安装并将料芯送到半成品待取件区后，气爪升降气缸下降，气动手爪夹紧，抓取物料。

③ 夹取物料后，气爪升降气缸上升，摆动气缸的滑块向右滑动；到达右限位后，机械手伸缩气缸伸出；伸出到位后，气爪升降气缸下降，下降到位后，气动手爪张开，释放物料。

④ 完成物料释放后，气爪升降气缸上升，机械手伸缩气缸缩回，缩回到位后，摆动气缸左旋，回到初始位置。

⑤ 摆动气缸左旋到位后，料筒左右交替气缸移动至右工位供料，循环至工序②。

⑥ 安装单元有自动单周期、自动循环两种工作模式。无论在哪种工作模式的控制任务中，设备都必须处于初始状态，否则不允许启动。

⑦ 自动单周期模式：当设备满足启动条件后，按下启动按钮，按照控制任务的要求开始运行，完成一个周期的任务后停止；再次按启动按钮，才进行新周期的运行。

⑧ 自动循环工作模式：复位完成后，按下启动按钮，系统按控制任务的要求完成整个运行过程，自动完成 HMI 触摸屏任务要求的工件数目后回到初始状态。若需要开始新

的工作任务，则需要复位后重新设置工件数目，按启动按钮，重新启动设备运行过程。如果按下停止按钮，设备就不再执行新的任务了，但要在完成当前的任务后才停止运行。停止运行后，各执行机构应回到初始状态；若需要再次启动，则必须重新按下启动按钮。

4）系统正常停止

按下停止按钮，完成当前周期的工作后，所有机构回到初始位置，系统停机。

5）系统急停

按下急停按钮，系统立刻停机，复位后方能启动。

6）系统指示灯

① 当系统不工作时，红灯常亮。

② 当系统不满足初始状态时，红灯闪烁。

③ 当系统运行时，绿灯常亮。

④ 当系统急停时，红灯以 2Hz 的频率闪烁。

安装单元控制工艺流程图如图 5-5-6 所示。

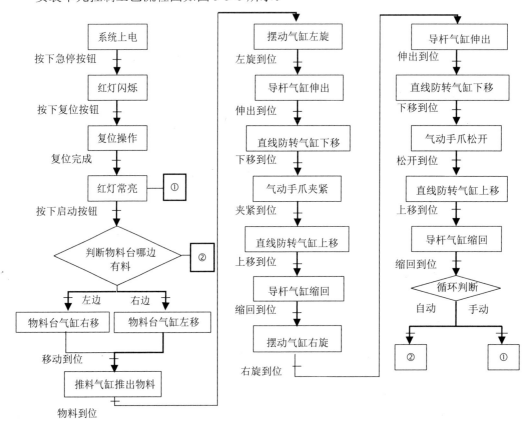

图 5-5-6　安装单元控制工艺流程图

2．程序设计

结构化程序（Structured Programming）设计是进行以模块功能和处理过程设计为主

的详细设计的基本原则。结构化程序设计是过程式程序设计的一个子集，它对写入的程序使用逻辑结构，使得理解和修改更有效、更容易。结构化编程应用，通过建立 FB 函数块，使内部的功能在 FB 函数块中实现，该 FB 函数块可重复使用，当进行 FB 函数块调用的时候，会自动生成对应的数据块，程序进行控制的时候，定义具体的管脚即可。下面的安装单元通过结构化编程方法实现，讲述结构化编程在 PLC 程序编写中的应用。

1）设备组态

根据电气硬件设备的要求，对设备进行组态，安装单元设备组态如图 5-5-7 所示，分配不同的 IP 地址。采用 PROFINET 接口通信，IP 地址分配如下。

PLC_1 [CPU 1512C-1 PN]：192.168.0.1。

HMI_1 [KTP900 Basic PN]：192.168.0.2。

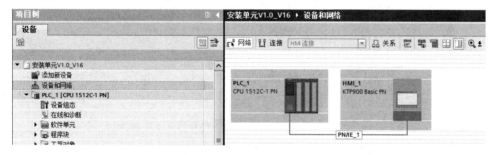

图 5-5-7 安装单元设备组态

2）新建需要用的变量

新建所需的 HMI 变量，如图 5-5-8 所示，新建数据块。

图 5-5-8 新建所需的 HMI 变量

新建所需的 PLC 的中间变量，中间上升沿数据块如图 5-5-9 所示，新建 DB 变量表，名称为"P"，用于一些上升沿数据的存储。

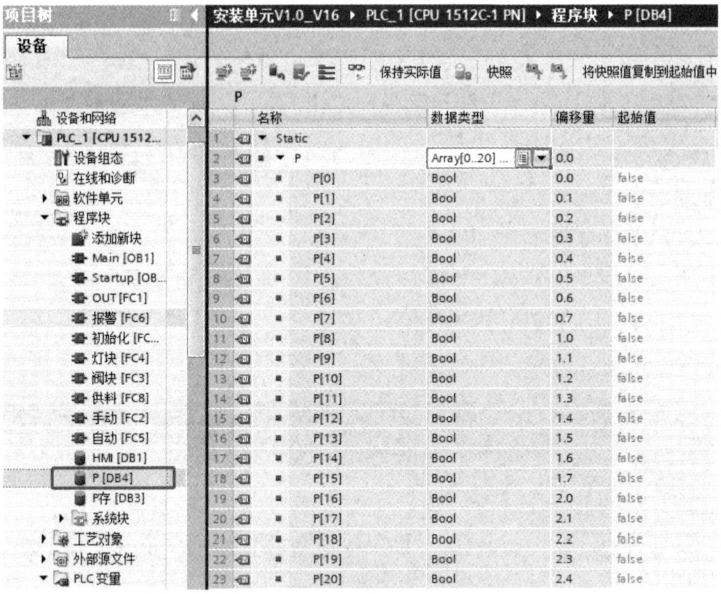

图 5-5-9　中间上升沿数据块

新建所需的 PLC 的中间变量，中间变量数据块如图 5-5-10 所示，新建 DB 变量表，名称为"P 存"。

图 5-5-10　中间变量数据块

新建所需的 PLC 的 I/O 变量，I/O 变量可以参考表 5-5-2，安装单元 I/O 表如图 5-5-11 所示，名称为"I/O 表"。

图 5-5-11　安装单元 I/O 表

新建所需的 PLC 的中间变量，安装单元中间变量如图 5-5-12 所示，可以直接在默认变量表上新建相关变量。

图 5-5-12　安装单元中间变量

图 5-5-12　安装单元中间变量（续）

3）HMI 界面设计

HMI 界面设计包含登录界面、手动界面、自动界面、报警界面 4 个界面设计，分别如图 5-5-13、图 5-5-14、图 5-5-15、图 5-5-16 所示，图 5-5-17 所示为安装单元 HMI 报警设置。

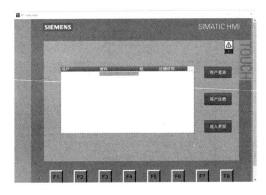

图 5-5-13　安装单元登录界面

注意，在图 5-5-13 中，当信号为"1"时，按钮变成红色，设置动作的按钮在"事件"里设置取反位。

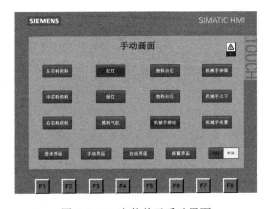

图 5-5-14　安装单元手动界面

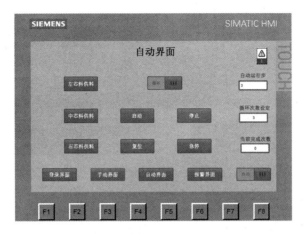

图 5-5-15 安装单元自动界面

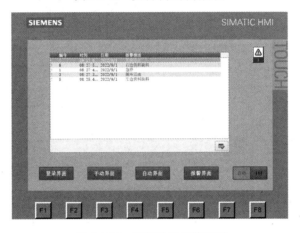

图 5-5-16 安装单元报警界面

图 5-5-17 安装单元 HMI 报警设置

4）程序编写

① 安装单元编程思路如图 5-5-18 所示，以模块化编程实现。

② 新建"Startup"组织块，用于中间变量的初始化，"Startup"组织块程序如图 5-5-19 所示。

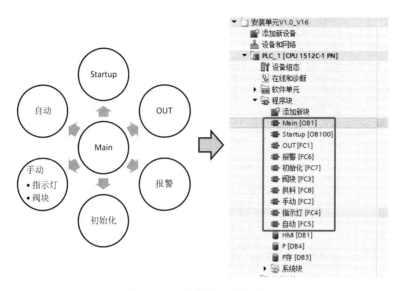

图 5-5-18 安装单元编程思路

图 5-5-19 "Startup"组织块程序

③ 初始化 FC 函数，添加新块，如图 5-5-20 所示。

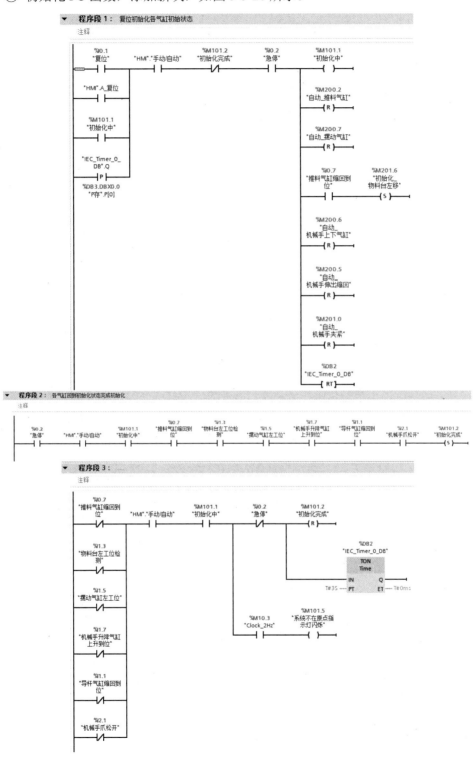

图 5-5-20 初始化 FC 函数

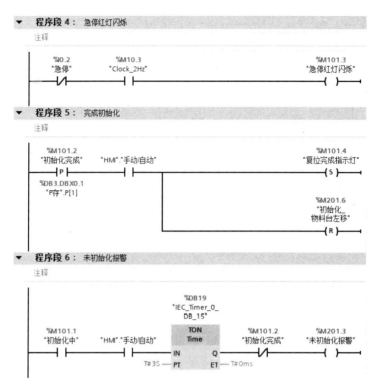

图 5-5-20 初始化 FC 函数（续）

④ 手动功能采用结构化编程方法实现，由两个功能块实现不同功能，"阀块"的功能是实现按下按钮一次置"1"，再次按下按钮置"0"，在 HMI 的相关按钮"事件"设置在选择"取反位"，然后关联相关的变量，其中，"指示灯"FC 函数程序编写如图 5-5-21 所示。

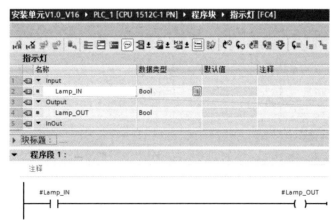

图 5-5-21 "指示灯"FC 函数程序编写

"阀块"FC 函数程序编写如图 5-5-22 所示。

⑤ 在"手动"FC 函数里编写手动功能，先进行接口设置，如图 5-5-23 所示。

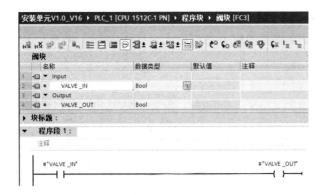

图 5-5-22　"阀块"FC 函数程序编写

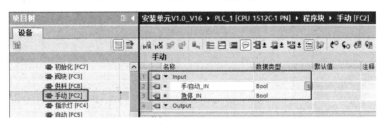

图 5-5-23　"手动"FC 函数接口设置

安装单元"手动"FC 函数程序编写如图 5-5-24 所示。

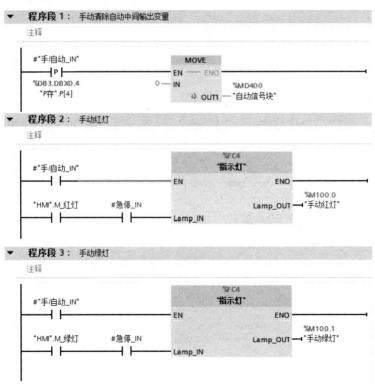

图 5-5-24　安装单元"手动"FC 函数程序编写

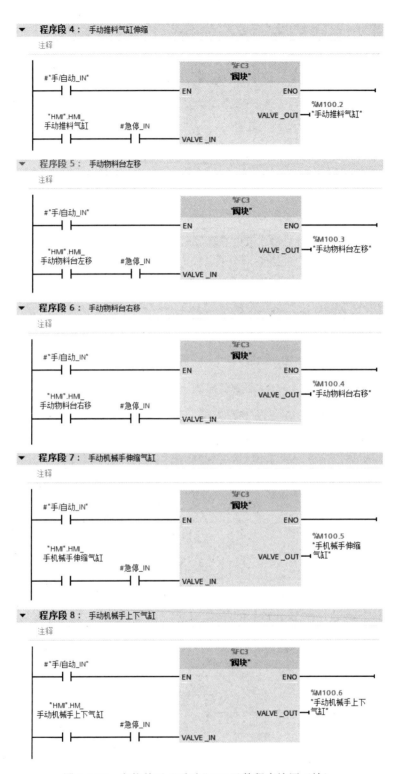

图 5-5-24 安装单元"手动"FC 函数程序编写（续）

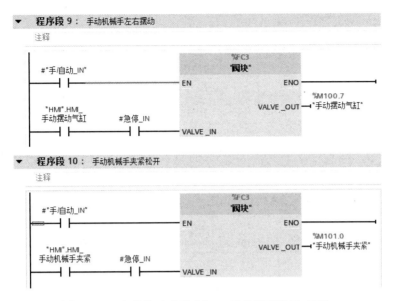

图 5-5-24　安装单元"手动"FC 函数程序编写（续）

⑥ 在"自动"FC 函数里编写自动功能，先进行接口变量设置，如图 5-5-25 所示。

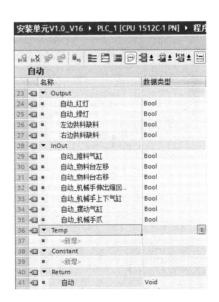

图 5-5-25　接口变量设置

安装单元"自动"FC 函数程序编写如图 5-5-26 所示。

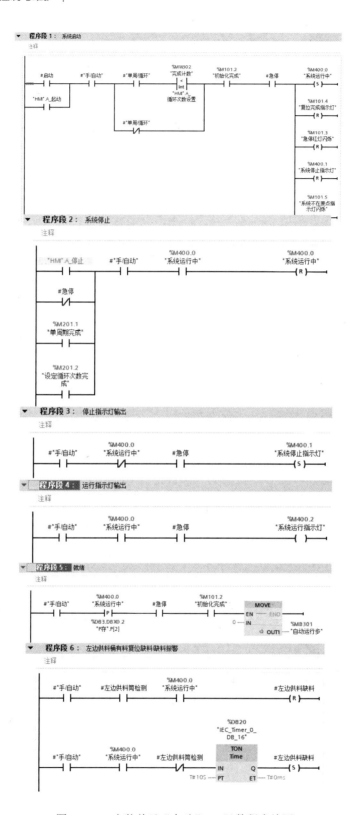

图 5-5-26　安装单元"自动"FC 函数程序编写

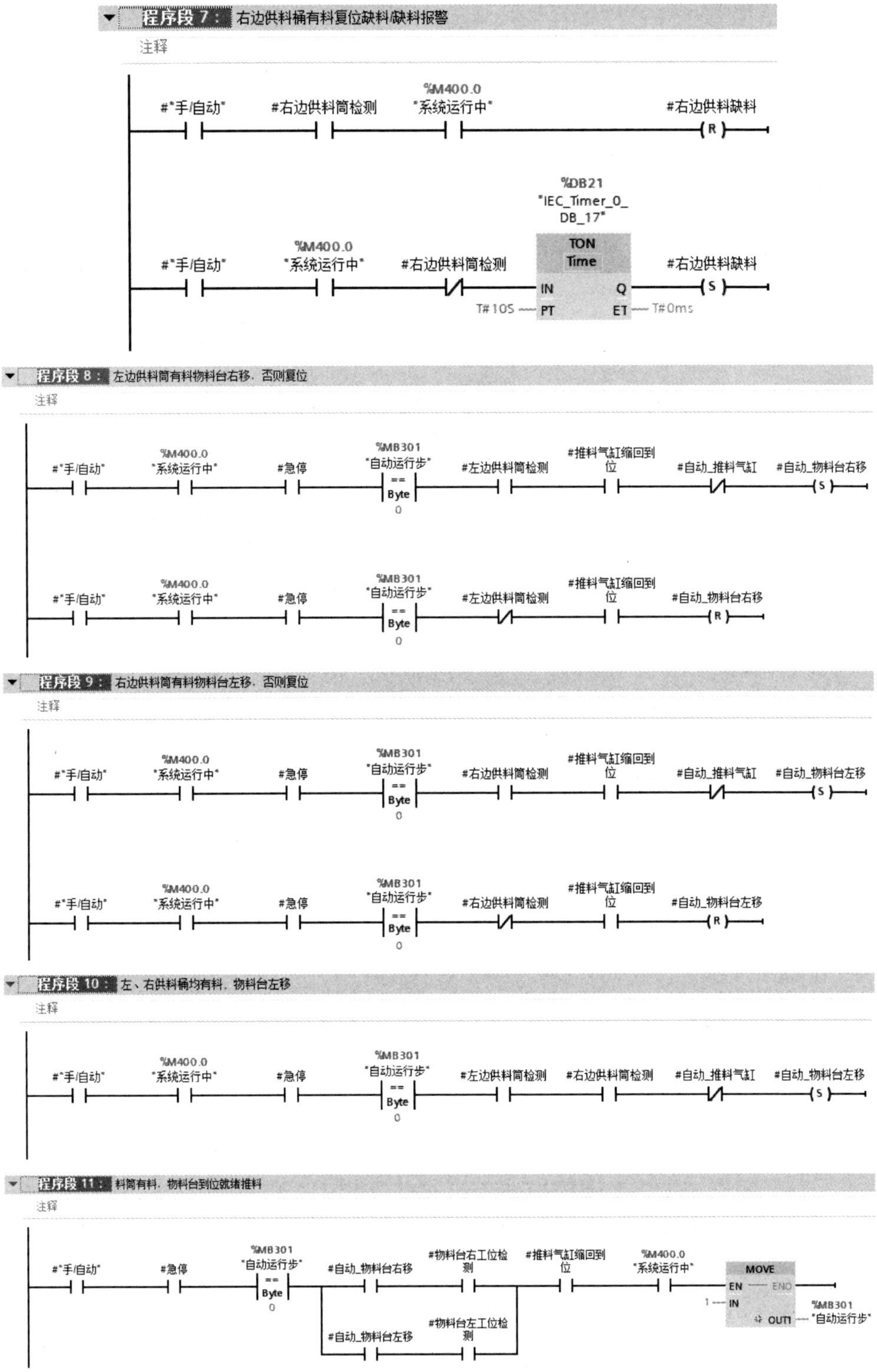

图 5-5-26 安装单元"自动"FC 函数程序编写（续）

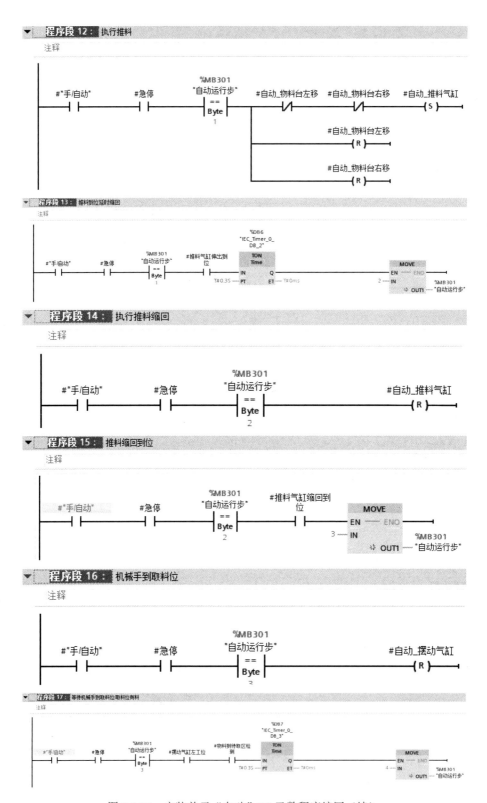

图 5-5-26 安装单元"自动"FC 函数程序编写（续）

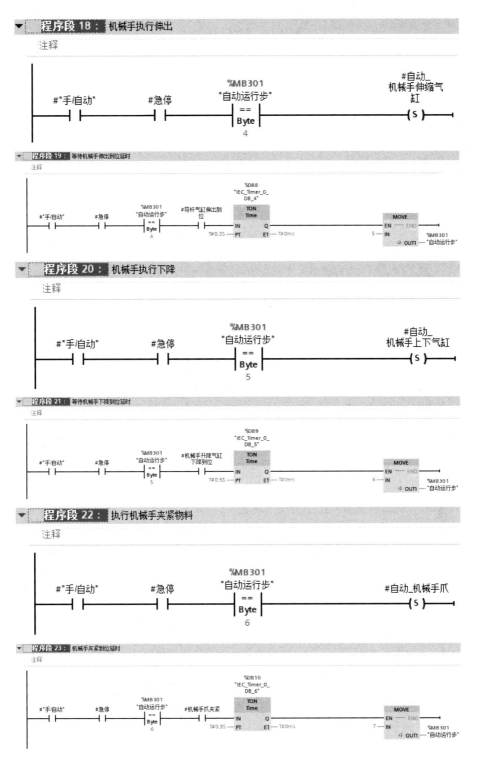

图 5-5-26 安装单元"自动"FC 函数程序编写（续）

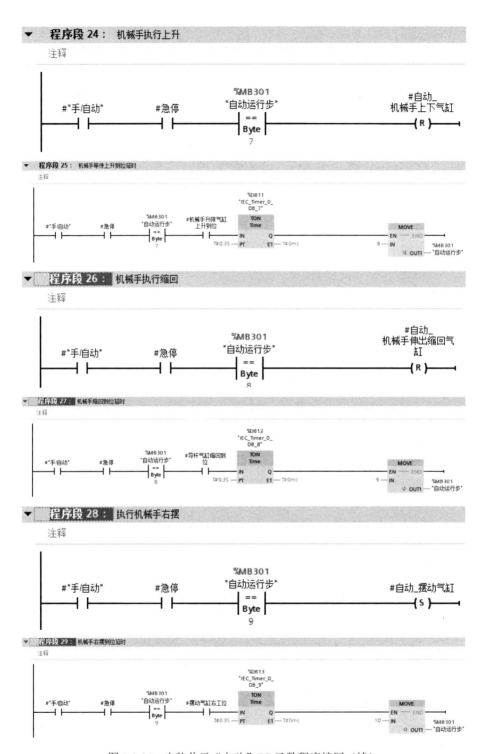

图 5-5-26　安装单元"自动"FC 函数程序编写（续）

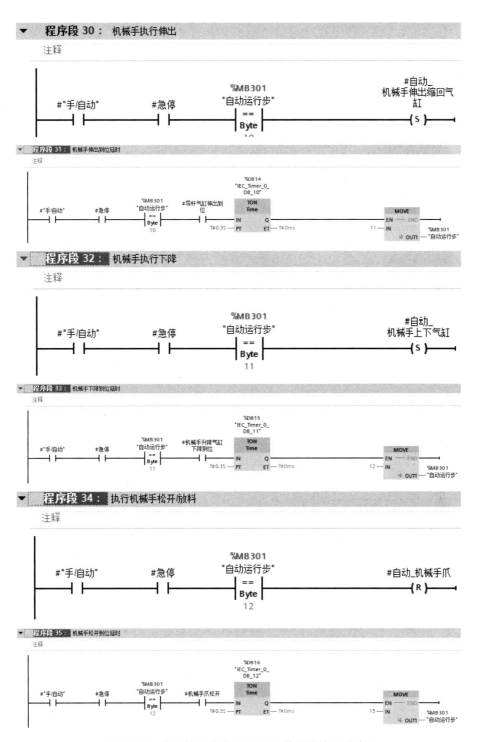

图 5-5-26　安装单元"自动"FC 函数程序编写（续）

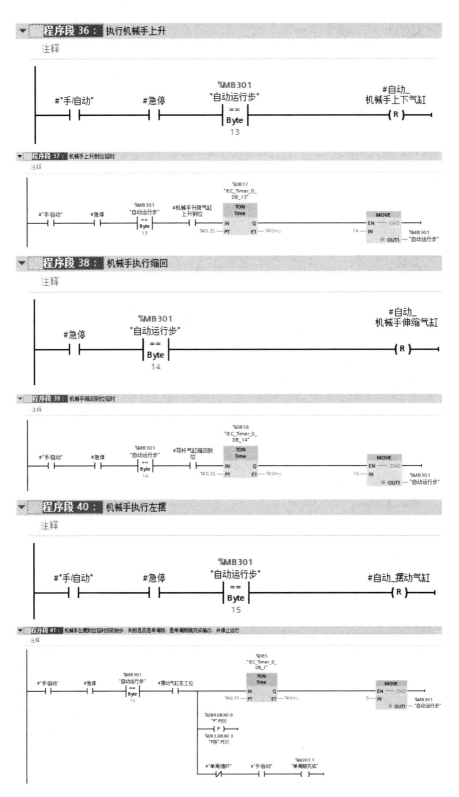

图 5-5-26 安装单元"自动"FC 函数程序编写（续）

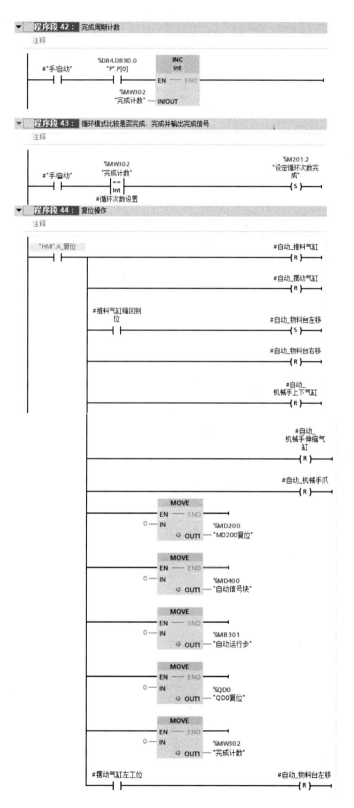

图 5-5-26　安装单元"自动"FC 函数程序编写（续）

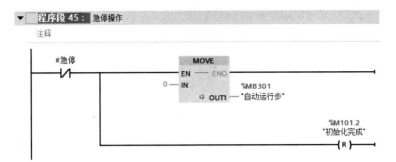

图 5-5-26　安装单元"自动"FC 函数程序编写（续）

⑦ 安装单元"OUT"FC 函数程序编写如图 5-5-27 所示。

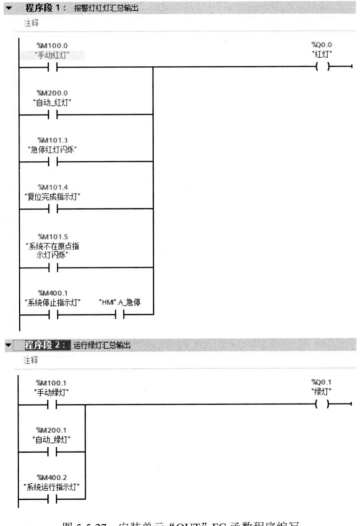

图 5-5-27　安装单元"OUT"FC 函数程序编写

▼ **程序段 3 :** 推料气缸I汇总输出
注释

```
    %M100.2                                                         %Q0.2
  "手动推料气缸I"                                                  "推料气缸I"
    ─┤ ├──┬───────────────────────────────────────────────────────( )──
          │
    %M200.2
  "自动_推料气缸I"
    ─┤ ├──┘
```

▼ **程序段 4 :** 物料台移动前, 先复位推料气缸
注释

```
    %M100.3                                                      "HMI".HMI_
  "手动物料台左移"                                               手动推料气缸I
    ─┤ ├──┬───────────────────────────────────────────────────────( R )──
          │
    %M100.4
  "手动物料台右移"
    ─┤ ├──┘
```

▼ **程序段 5 :** 物料台左移汇总输出
注释

```
    %M100.3           %I0.7                                         %Q0.3
  "手动物料台左移"  "推料气缸I缩回到                                "物料台左移"
                        位"
    ─┤ ├──┬──────────┤ ├─────────────────────────────────────────( )──
          │
    %M200.3
    "自动_
  物料台左移"
    ─┤ ├──┤
          │
    %M201.6
   "初始化_
  物料台左移"
    ─┤ ├──┘
```

▼ **程序段 6 :** 物料台右移汇总输出
注释

```
    %M100.4           %I0.7                                         %Q0.4
  "手动物料台右移"  "推料气缸I缩回到                                "物料台右移"
                        位"
    ─┤▌├──┬──────────┤ ├─────────────────────────────────────────( )──
          │
    %M200.4
    "自动_
  物料台右移"
    ─┤ ├──┘
```

▼ **程序段 7 :** 机械手伸出缩回气缸汇总输出
注释

```
    %M100.5                                                         %Q0.5
  "手机械手伸出缩                                               "机械手伸出缩回
    回气缸I"                                                       气缸I"
    ─┤▌├──┬───────────────────────────────────────────────────────( )──
          │
    %M200.5
    "自动_
  机械手伸出缩回"
    ─┤ ├──┘
```

图 5-5-27   安装单元"OUT"FC 函数程序编写（续）

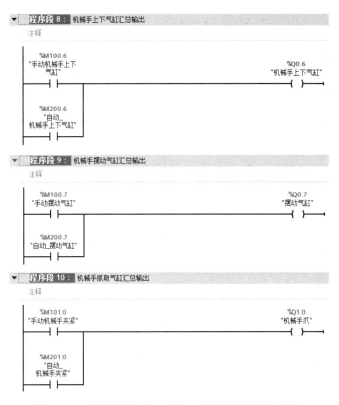

图 5-5-27　安装单元"OUT"FC 函数程序编写（续）

⑧ 在"报警"FC 函数中，在 HMI 上实现报警功能，相应的设置如图 5-5-17 所示，安装单元"报警"FC 函数程序编写如图 5-5-28 所示。

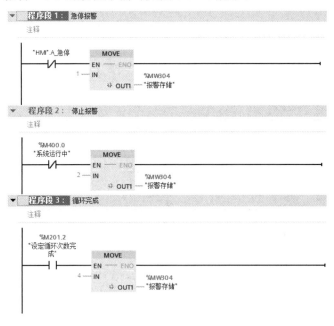

图 5-5-28　安装单元"报警"FC 函数程序编写

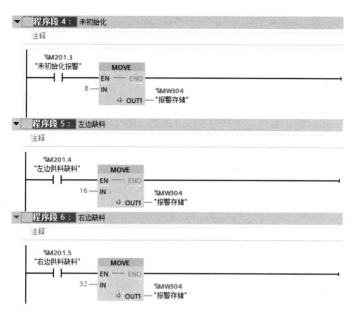

图 5-5-28　安装单元"报警"FC 函数程序编写（续）

⑨ 在"供料"FC 函数中，关联相对应的触摸屏供料按钮功能，实现触摸屏放料，相应的输出信号与虚拟仿真的物料输入信号相关联，安装单元"供料"FC 函数程序编写如图 5-5-29 所示。

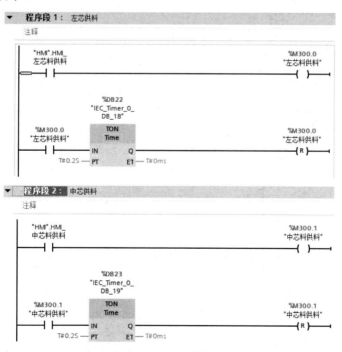

图 5-5-29　安装单元"供料"FC 函数程序编写

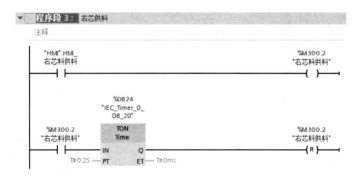

图 5-5-29　安装单元"供料"FC 函数程序编写（续）

⑩ 安装单元"Main"程序编写如图 5-5-30 所示。

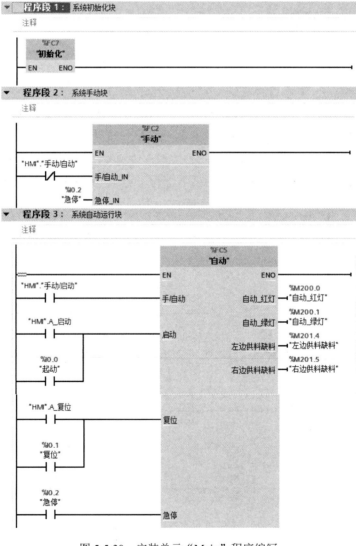

图 5-5-30　安装单元"Main"程序编写

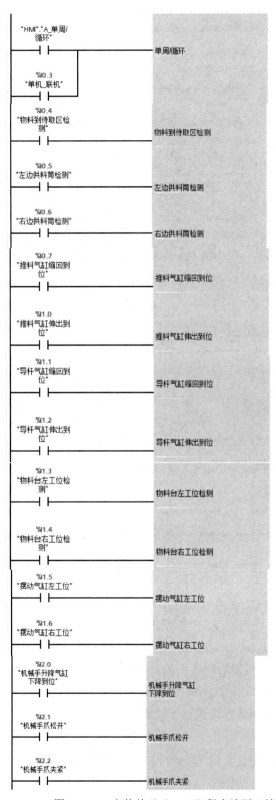

图 5-5-30　安装单元"Main"程序编写（续）

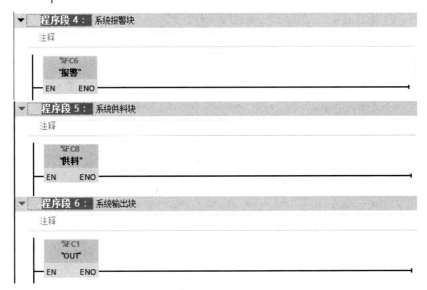

图 5-5-30　安装单元"Main"程序编写（续）

3．程序调试

编写完安装单元程序后，通过 4.2 节介绍的方法进行仿真调试，具体步骤如下。

① 打开 S7-PLCSIM Advanced V3.0 软件，新建一个 S7-1500 虚拟 PLC。

② 在 TIA V16 软件上将所写的程序下载到虚拟 PLC 中。

③ 在 NX 12.0 中进行外部信号配置，进行相关信号映射并启动仿真。

图 5-5-31 所示为安装单元仿真调试程序功能图。

通过这个单元的学习，实现了安装单元的动作，进行了自动化生产线控制系统的设计与调试，使学习者掌握了结构化编程的方法，完整展现了自动化生产线设备电气控制系统的设计过程。

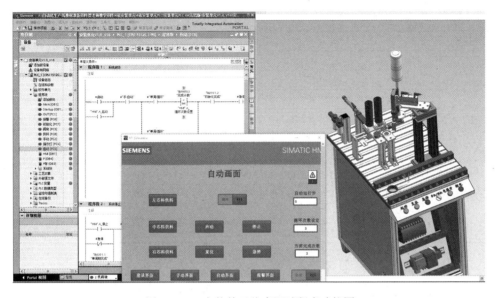

图 5-5-31 安装单元仿真调试程序功能图

思考与练习

实训 5-5 安装单元设计与调试

工作任务	安装单元设计与调试	学习心得
注意事项	① 本实训台采用交流 380V 供电； ② 不能带电操作，在通电的情况下，不能接线、维护，不能触摸交流设备等	
学习目标	① 能够根据控制系统的机械结构设计其功能并编程实现； ② 会用 HMI 触摸屏进行人机交互界面设计； ③ 根据网络拓扑结构进行硬件网络组态调试连接； ④ 调试设备电气元件； ⑤ 调试 PLC 程序，直至硬件设备可以稳定运行	
器材检查	自动化生产线实训设备 1 套，包含： ① 1 套 TIA V16 软件和 1 套 UG NX 12.0 软件； ② 1 台 PLC 控制器，型号为 CPU 1512C-1 PN，订货号为 6ES7 512-1CK01-0AB0； ③ 1 台触摸屏，型号为 KTP900 Basic，订货号为 6AV2 123-2JB03-0AX0； ④ 安装单元数字孪生虚拟仿真实训设备（如 UG NX 12.0 软件上的 3D 仿真平台）	
任务要求	在实验室的综合机上完成以下控制任务，具体控制任务要求见 5.5.4 节，主要包括以下内容： ① 实现综合机的控制工艺功能； ② 能够实现任务中的人机界面要求； ③ 根据网络拓扑结构进行硬件网络组态调试连接； ④ 调试设备电气元件； ⑤ 实现虚拟仿真调试，实现仿真功能； ⑥ 调试 PLC 程序，直至硬件设备可以稳定运行	
总结	请自行总结功能完成情况、功能改进及程序优化等方面，完成课程报告书	

工作任务	安装单元设计与调试			学习心得
评分	考核标准	权重	得分	
	人机界面的功能，少1个功能扣1分，扣完为止	15%		
	虚拟调试　手动功能实现：少1个功能扣1分，扣完为止	10%		
	报警功能实现：少1个功能扣2分，扣完为止	10%		
	自动功能实现，少1个功能扣5分，扣完为止	30%		
	虚实联调功能实现：少1个功能扣2分，扣完为止	20%		
	程序结构可读性强、可靠性高、稳定性强	10%		
	能够安全规范地操作	5%		
	总分	100%		

任务 5.6　提取安装单元设计与调试

任务描述

提取安装单元的作用是将上个单元安装好的半成品通过传送带传送至上瓶盖安装区，通过提取安装模块，将供料筒推出的工件安装在半成品上，安装完成后通过传送带送至传送带尾端，供下一个单元取走。通过此单元可以学习传送带如何实现工件的直线搬运，同时加强学习供料和机械手提取安装功能的实现方法。

教学目标

知识目标	技能目标	素养目标
（1）熟悉提取安装单元的机械结构功能； （2）掌握提取安装气动控制系统的设计方法； （3）熟知磁感应式接近开关、光纤传感器的应用； （4）熟悉提取安装单元电气控制系统的编程方法与设计流程； （5）熟知利用G120变频器控制传送带的编程方法； （6）熟知基于数字孪生技术进行虚拟调试的方法	（1）能进行提取安装单元设备机械结构的检修与维护； （2）能够正确进行气动控制分析，并能进行检修与维护； （3）能够进行电气系统和传感器的安装与调试； （4）会利用PLC获取相关传感器的数据； （5）会利用G120变频器控制传送带的运行； （6）会进行提取安装单元的电气控制系统设计与实现	（1）通过对前面学过的知识的重复应用，培养学生寻求不同的方法、精益求精的学习精神； （2）学习新知识，并能总结提高，深入分析，培养学生对科学技术的探索精神； （3）培养自动化工程师的设计思维

5.6.1　提取安装单元机械结构与功能分析

提取安装单元主要由供料模块、传送带和提取安装模块组成。其中，供料模块负责上瓶盖的供料，传送带负责工件的位置移动，提取安装模块主要实现上瓶盖的安装和位置移动，其中，还有用于在传送带上实现在待安装位置停下来的挡料用的挡板。提取安装单元总体结构图如图 5-6-1 所示。提取安装模块如图 5-6-2 所示，供料模块如图 5-6-3 所示，传送带如图 5-6-4 所示。

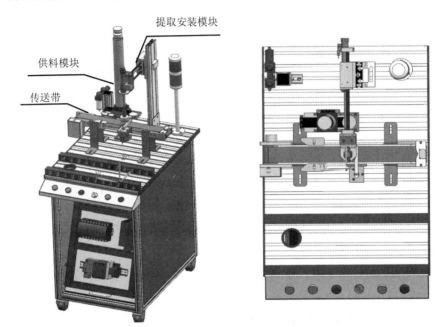

图 5-6-1　提取安装单元总体结构图

图 5-6-2　提取安装模块　　　图 5-6-3　供料模块　　　图 5-6-4　传送带

　　提取安装模块由导杆气缸控制机械手伸出和缩回，一个直线气缸控制机械手上下动作，真空吸盘负责工件的吸取和放下。

　　供料模块如图 5-6-3 所示，负责供应料芯给机械手进行安装，由料筒和推料气缸组成。

　　传送带如图 5-6-4 所示，通过传送带的运行实现工件的搬运过程。

5.6.2 提取安装单元气动控制系统设计

提取安装单元的功能主要由机械手伸缩气缸、机械手上下气缸、真空吸盘、推料气缸和挡料气缸等实现，提取安装单元控制工艺流程图如图 5-6-5 所示。

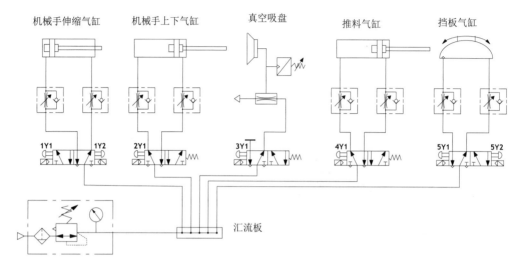

图 5-6-5 提取安装单元控制工艺流程图

5.6.3 提取安装单元电气控制系统设计

为方便学习，采用西门子 S7-1500 系统的 PLC，其中，传送带用 G120 变频器与三相异步电机控制实现动作，详细的 G20 变频器的相关知识可以参考项目 3 中任务 3.2 的相关内容，具体电气系统配置如下所示。

（1）1 套 TIA V16 软件。

（2）1 台 PLC 控制器，型号为 CPU 1512C-1 PN，订货号为 6ES7 512-1CK01-0AB0。

（3）1 台变频器，型号为 SINAMICS G120C PN，配置 SINAMICS IOP-2 控制面板。

（4）1 台三相异步电机，参数为 25W、220/380V、0.12A、50Hz、1350rpm。

（5）1 台触摸屏，型号为 KTP900 Basic，订货号为 6AV2 123-2JB03-0AX0。

根据机械结构功能分析，结合气动控制系统设计，设计出提取安装单元 I/O 分配方案，如表 5-6-1 所示。

表 5-6-1 提取安装单元 I/O 分配方案

I/O 分配	输入点分配	I0.0～I0.3 输入端口被分配给各单元的操作面板使用，共 4 个点；I0.4～I2.0 被分配给传感器使用，共 11 个点
	输出点分配	Q0.0～Q1.1 输出端口被分配给各工作台面上设备的输出信号使用，用于控制指示灯和各类气缸的动作，共 9 个点
	备用点分配	PLC 的 I2.3～I3.7 输入端口、Q1.1～Q3.7 输出端口被分配给各单元的 I/O 通信转换模块使用，并供系统扩充备用

表 5-6-2 所示为 G120 变频器的 I/O 地址分配表。设计好分配方案后，就可以进行具体 I/O 地址分配了，表 5-6-3 所示为提取安装单元的 PLC 的 I/O 地址分配表。

表 5-6-2　G120 变频器的 I/O 地址分配表

数据方向	G120 变频器的 I/O 地址
PLC→变频器	QW256
	QW258
变频器→PLC	IW256
	IW258

表 5-6-3　提取安装单元的 PLC 的 I/O 地址分配表

序号	地址	符号	名称	功能
1	I0.0	SB1	按钮	启动
2	I0.1	SB2	按钮	复位
3	I0.2	SB3	按钮	停止
4	I0.3	SA	开关	单机/联机
5	I0.4	1B	光纤传感器	有无物料检测
6	I0.5	2B	光纤传感器	物料到安装位置检测
7	I0.6	3B	光纤传感器	物料到取走位置检测
8	I0.7	4B1	磁感应式接近开关	机械手伸缩气缸缩回到位
9	I1.0	4B2	磁感应式接近开关	机械手伸缩气缸伸出到位
10	I1.1	5B1	磁感应式接近开关	机械手升降气缸上升到位
11	I1.2	5B2	磁感应式接近开关	机械手升降气缸下降到位
12	I1.3	6B1	磁感应式接近开关	挡料气缸伸出到位
13	I1.4	6B2	磁感应式接近开关	挡料气缸缩回到位
14	I1.5	7B1	磁感应式接近开关	推料气缸推出到位
15	I1.6	7B2	磁感应式接近开关	推料气缸缩回到位
16	Q0.0	HL1	红灯显示灯	红灯
17	Q0.1	HL2	绿色显示灯	绿灯
18	Q0.2	Y1	双电控电磁阀	机械手伸缩气缸伸出
19	Q0.3	Y2	双电控电磁阀	机械手伸缩气缸收回
20	Q0.4	Y3	单电控电磁阀	机械手升降气缸（下降为1）
21	Q0.5	Y4	单电控电磁阀	真空吸盘（吸取为1）
22	Q0.6	Y5	单电控电磁阀	推料气缸（推出为1）
23	Q0.7	Y6	双电控电磁阀	挡料气缸伸出
24	Q1.0	Y7	双电控电磁阀	挡料气缸缩回
25	Q1.1	Y8	单电控电磁阀	机械手爪夹紧

根据 I/O 口的需要，本单元选用 S7-1500 PLC，配置两个数字量模块。图 5-6-6 所示为提取安装单元的 PLC 的 I/O 接线图，其中，I2.0 配置在第二个数字量模块，此处省略介绍。

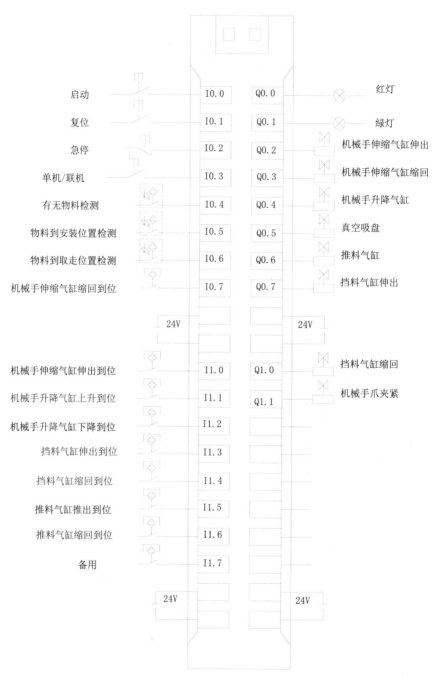

图 5-6-6　提取安装单元的 PLC 的 I/O 接线图

5.6.4　提取安装单元控制功能程序设计与调试

1．控制工艺要求

前面已对设备的机械结构与功能进行了分析，根据提取安装单元的机械设备运行特点，进行生产工艺分析，在考虑程序的功能性的同时，还要考虑程序执行后的安全性、稳定性及运行效率，设计出可靠性高、安全性高的程序。提取安装单元控制工艺流程的要求如下。

1）HIM 触摸屏控制功能要求

触摸屏应该设置 4 个界面：登录界面、手动界面、自动界面、报警界面。对每个界面的表述如下。

① 登录界面：可以设置账户登录和注销，自行设置账户名和密码。

② 手动界面：可以手动控制每个输出的动作，按下一次执行动作，再次按下，回到初始状态，如红灯，按一次亮，按两次灭；单作用气缸（如推料气缸），按一次推出物料，再按一次缩回；双作用气缸控制的动作具有自保持功能，只需要按一次即可。

③ 自动界面：具备每个按钮和开关的功能，详见 I/O 地址分配表；可以通过"单机/联机"开关进行自动单周期和自动循环模式的切换；能够进行工作任务的设定，能够在HMI 上显示工件周期。

④ 报警界面：能够对供料筒无料进行报警提示，能够对设备不在初始状态进行错误报警，能够对已经完成的订单任务进行报警提示，能够对按下急停按钮进行报警提示，能够对按下停止按钮进行报警提示，能够对传送带上无料进行报警提示。

2）系统初始化

设备上电后，在自动模式下，按下复位按钮后，进行初始化操作：推料气缸处于缩回状态，机械手上升到位，机械手缩回到位，吸盘松开，挡杆处于不挡物料的状态，传送带处于停止状态。

3）系统运行过程

① 按下复位按钮，系统进行复位状态检测，判断是否处于初始状态，若不在初始状态，则回到初始状态。

② 按下启动按钮，传送带运行，同时挡料气缸伸出，将工件挡在待加工区；推料气缸推出料芯，机械手下降并吸取工件；吸取工件完成后，机械手升气缸上升；上升到位后，机械手伸缩气缸伸出；机械手伸缩气缸伸出到位后，机械手升降气缸下降并放下工件，完成工件安装；机械手升降气缸放下工件后上升，同时，挡料气缸缩回到初始状态，传送带将安装好的工件送至传送带尾端，等待下一个工作单元将工件取走。

③ 提取安装单元有自动单周期、自动循环两种工作模式。无论在哪种工作模式的控制任务中，设备都必须处于初始状态，否则不允许启动。

④ 自动单周期模式：当设备满足启动条件后，按下启动按钮后，按照控制任务要求开始运行，完成一个周期的任务后停止；再次按启动按钮才进行新周期的运行。

⑤ 自动循环工作模式：复位完成后，按下启动按钮，系统按控制任务要求完成整个运行过程，自动完成 HMI 触摸屏任务要求的工件数目后回到初始状态。若需要开始新的工作任务，则需要复位后重新设置工件数目，按启动按钮，重新启动设备运行过程。如果按下停止按钮，设备就不再执行新的任务了，但要在完成当前任务后再停止运行，停

止运行后，各执行机构应回到初始状态；若需要再次启动，则必须重新按下启动按钮。

4）系统正常停止

按下停止按钮，完成当前周期的工作后，所有机构回到初始位置，系统停机。

5）系统急停

按下急停按钮，系统立刻停机，复位后方能启动。

6）系统指示灯

① 当系统不工作时，红灯常亮。

② 当系统不满足初始状态时，红灯闪烁。

③ 当系统运行时，绿灯常亮。

④ 当系统急停时，红灯以 2Hz 的频率闪烁。

提取安装单元控制工艺流程图如图 5-6-7 所示。

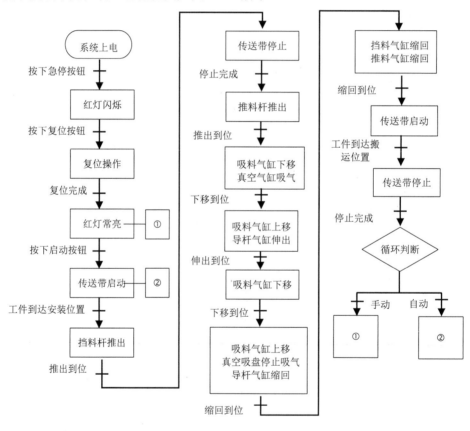

图 5-6-7　提取安装单元控制工艺流程图

2. 程序设计

在自动化生产线控制过程中，顺序逻辑控制占据相当大的比例。所谓顺序逻辑控制，就是在生产过程中按照生产工艺流程，在各个输入信号的作用下，根据内部状态和时间顺序，各个执行机构自动地、有秩序地进行操作。S7-GRAPH 是一种顺序功能图编程语言，它能有效地用于设计顺序逻辑控制程序。

在博途软件（STEP7）中，只有 FB 函数块可以使用 S7-GRAPH 语言编程。S7-GRAPH 编程界面为图形界面，包含若干个顺控器。当编译 S7-GRAPH 程序时，其生成的函数块以 FB 函数块的形式出现，此 FB 函数块可以被其他程序调用，如 OB1。顺序逻辑控制程序结构图如图 5-6-8 所示。

图 5-6-8　顺序逻辑控制程序结构图

1）设备组态

根据电气硬件设备的要求，对设备进行组态，提取安装单元设备组态如图 5-6-9 所示，分配不同的 IP 地址，采用 PROFINET 接口通信，IP 地址分配如下。

PLC_1 [CPU 1512C-1 PN]：192.168.0.1。

HMI_1 [KTP900 Basic PN]：192.168.0.2。

G120C PN 变频器：192.168.0.3。

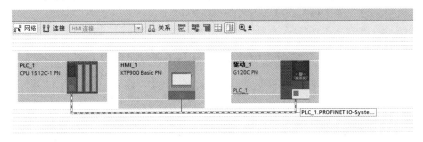

图 5-6-9　提取安装单元设备组态

2）新建需要用的 HMI 变量

新建所需的 HMI 变量，新建数据块，提取安装单元 HMI 变量"bianpin"数据块如图 5-6-10 所示。提取安装单元"canshu"数据块如图 5-6-11 所示。

图 5-6-10　提取安装单元 HMI 变量"bianpin"数据块

图 5-6-11　提取安装单元"canshu"数据块

如图 5-6-12 所示，新建提取安装单元 PLC 变量表，名称默认，主要用于 I/O 变量。图 5-6-13 所示为提取安装单元默认变量表，主要用于各种中间变量。

图 5-6-12　提取安装单元 PLC 变量表

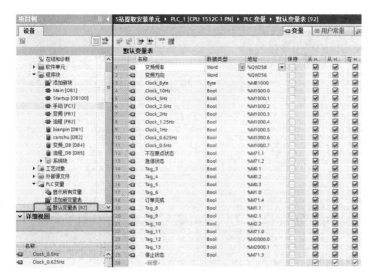

图 5-6-13　提取安装单元默认变量表

3）HMI 界面设置

HMI 界面设计包含登录界面、手动界面、自动界面、报警界面 4 个界面设计，分别如图 5-6-14、图 5-6-15、图 5-6-16、图 5-6-17 所示。提取安装单元 HMI 报警设置如图 5-4-18 所示。

图 5-6-14　提取安装单元登录界面

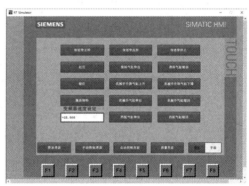

图 5-6-15　提取安装单元手动界面

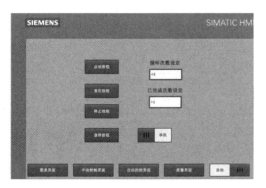

图 5-6-16　提取安装单元自动界面

图 5-6-17　提取安装单元报警界面

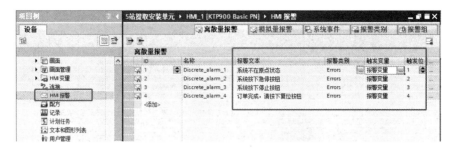

图 5-6-18　提取安装单元 HMI 报警设置

4）程序编写

① 新建"Startup"OB1 块，给定 HMI 的默认频率，提取安装单元"Startup"程序如图 5-6-19 所示。

图 5-6-19　提取安装单元"Startup"程序

② 添加新块，提取安装单元"手动"FC 函数如图 5-6-20 所示，语言选择"LAD"。

图 5-6-20　提取安装单元"手动"FC 函数

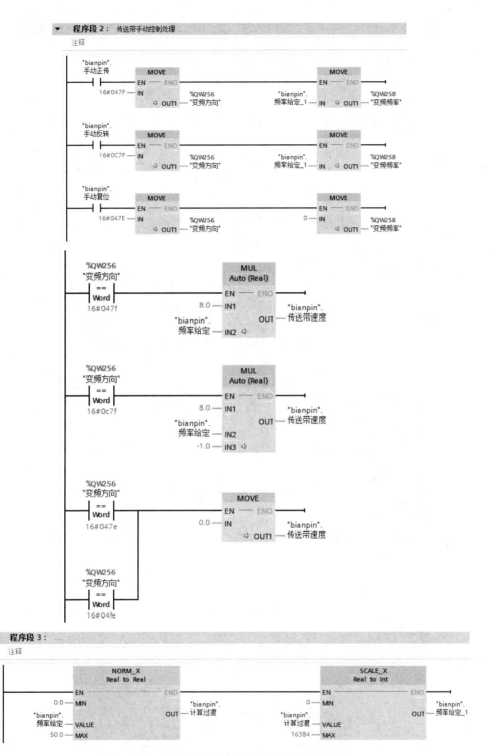

图 5-6-20　提取安装单元"手动"FC 函数（续）

③ 在"变频"FB1 函数块里编写变频及其相关功能，提取安装单元"变频"FB1 函数块如图 5-6-21 所示。

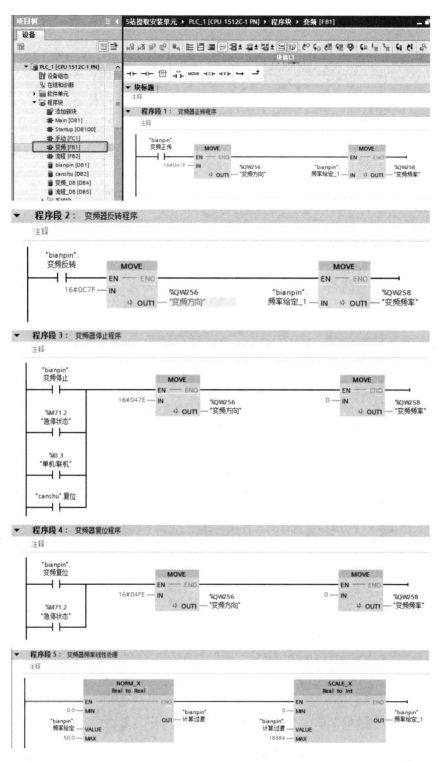

图 5-6-21 提取安装单元"变频"FB1 函数块

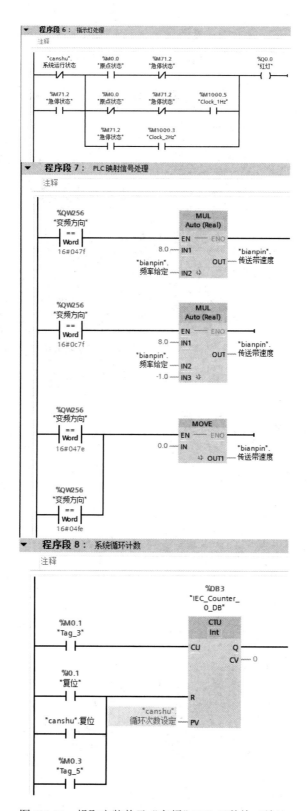

图 5-6-21　提取安装单元"变频"FB1 函数块（续）

④ 添加新块，选择"FB"函数块，语言选择"GRAPH"，名称为"111"，将其修改为"流程"，提取安装单元"流程"FB函数块如图 5-6-22 所示。

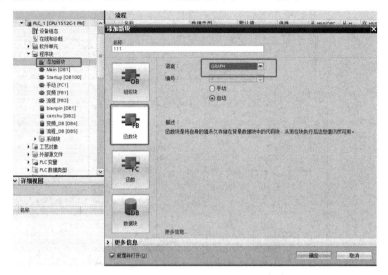

图 5-6-22　提取安装单元"流程"FB 函数块

⑤ 在"流程"FB 函数块中添加新顺控器，提取安装单元"流程"FB2 函数块如图 5-6-23 所示。

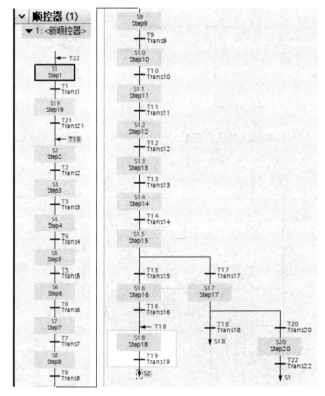

图 5-6-23　提取安装单元"流程"FB2 函数块

⑥ "流程" FB2 函数块的自动程序编写如图 5-6-24 所示。

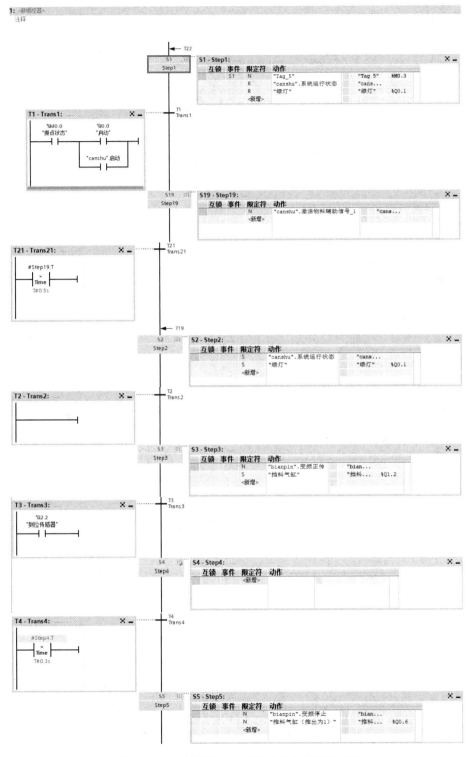

图 5-6-24　"流程" FB2 函数块的自动程序编写

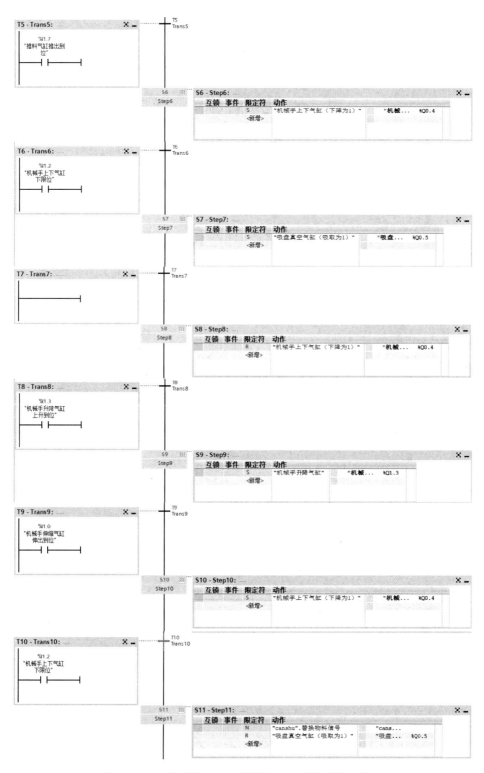

图 5-6-24 "流程"FB2 函数块的自动程序编写（续）

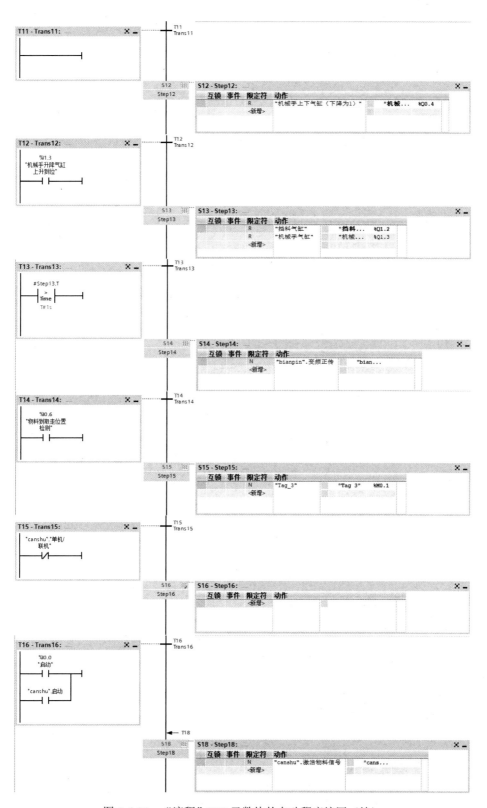

图 5-6-24　"流程"FB2 函数块的自动程序编写（续）

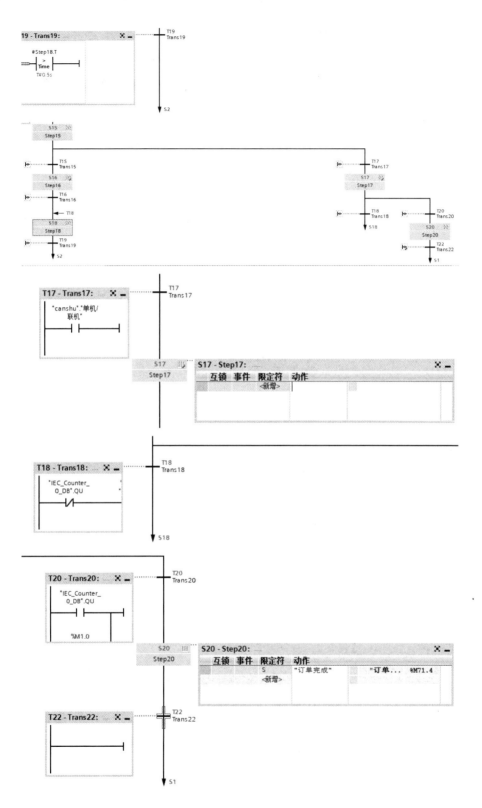

图 5-6-24   "流程"FB2 函数块的自动程序编写（续）

⑦ "Main" 的程序编写如图 5-6-25 所示。

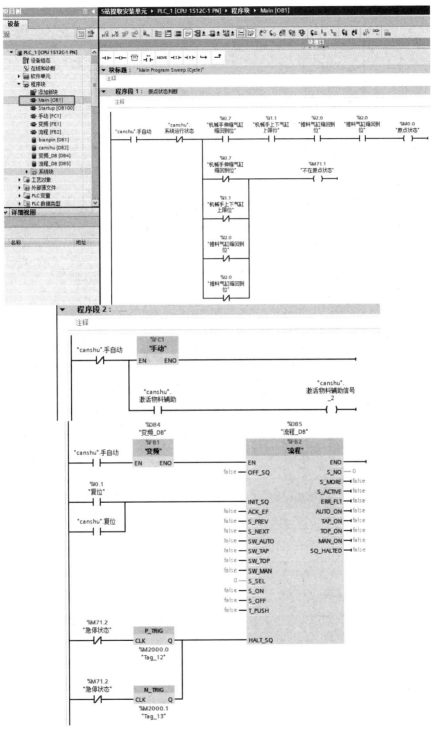

图 5-6-25　"Main" 的程序编写

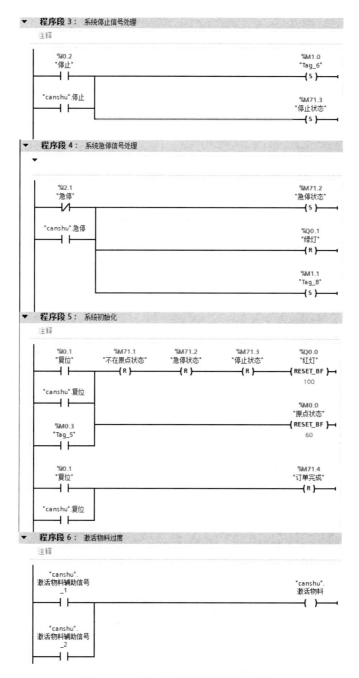

图 5-6-25 "Main"的程序编写（续）

3. 程序调试

1）故障分析

在调试过程中，可以通过监控程序查找故障点，有可能会出现以下问题：①双电控电磁阀控制的气缸不动作，有可能是因为没有设置联锁；②对某些编程，在无法确定是编程错误还是硬件损坏的情况下，没有按预期运行，有可能是由硬件故障导致的，可以通过新建程序单独编程控制故障点的方法进行调试，看是否能够运行，若能正常运行，则表示编程出错，反之，则表示硬件损坏，这时候要查看是电磁阀还是气缸出了问题，若手动操作电磁阀能够驱动气缸运行，则表示电磁阀连接 PLC 的线路出了问题，若手动控制电磁阀气缸不动作，则问题可能出现在气缸上。

2）功能调试

编写完提取安装单元程序后，通过 4.2 节介绍的方法进行仿真调试，具体步骤如下。

① 打开 S7-PLCSIM Advanced V3.0 软件，新建一个 S7-1500 虚拟 PLC。

② 在 TIA V16 软件上将所写的程序下载到虚拟 PLC 中。

③ 在 NX 12.0 中进行外部信号配置，进行相关信号映射并启动仿真。

图 5-5-26 所示为提取安装单元仿真调试程序功能图。

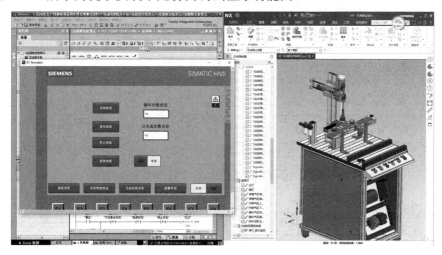

图 5-6-26　提取安装单元仿真调试程序功能图

通过这个单元的学习，实现了提取安装单元的动作，进行了自动化生产线控制系统的设计与调试，完整展现了自动化生产线设备电气控制系统的设计过程。

思考与练习

实训 5-6　提取安装单元设计与调试

工作任务	提取安装单元设计与调试	学习心得
注意事项	① 本实训台采用交流 380V 供电； ② 不能带电操作，在通电的情况下，不能接线、维护，不能触摸交流设备等	
学习目标	① 能够根据控制系统的机械结构设计其功能并编程实现； ② 会用 HMI 触摸屏进行人机交互界面设计； ③ 根据网络拓扑结构进行硬件网络组态调试连接； ④ 调试设备电气元件； ⑤ 能用 G120 变频器控制传送带的运行和停止； ⑥ 调试 PLC 程序，直至硬件设备可以稳定运行	

工作任务	提取安装单元设计与调试			学习心得
器材检查	自动化生产线实训设备 1 套，包含： ① 1 套 TIA V16 软件； ② 1 台 PLC 控制器，型号为 CPU 1512C-1 PN，订货号为 6ES7 512-1CK01-0AB0； ③ 1 台变频器，型号为 SINAMICS G120C PN，配置 SINAMICS IOP-2 控制面板； ④ 1 台三相异步电机，参数为 25W、220/380V、0.12A、50Hz、1350rpm； ⑤ 已设置好 MCD 的提取安装单元数字孪生虚拟仿真实训平台 1 套； ⑥ 1 台触摸屏，型号为 KTP900 Basic，订货号为 6AV2 123-2JB03-0AX0			
任务要求	在实验室的综合机上完成以下控制任务，具体控制任务要求见 5.6.4 节，包括以下内容： ① 实现综合机的控制工艺功能； ② 能够实现人机界面要求； ③ 根据网络拓扑结构进行硬件网络组态调试连接； ④ 调试设备电气元件； ⑤ 实现虚拟仿真调试，实现仿真功能； ⑥ 调试 PLC 程序，直至硬件设备可以稳定运行			
总结	请完成实验报告，内容包括 I/O 分配方案、控制工艺流程表、程序图及实训心得等			
评分	考核标准		权重	得分
	人机界面的功能，少 1 个功能扣 1 分，扣完为止		15%	
	虚拟调试	手动功能实现：少 1 个功能扣 1 分，扣完为止	10%	
		报警功能实现：少 1 个功能扣 2 分，扣完为止	10%	
		自动功能实现，少 1 个功能扣 5 分，扣完为止	30%	
	虚实联调功能实现：少 1 个功能扣 2 分，扣完为止		20%	
	程序结构可读性强、可靠性高、稳定性强		10%	
	能够安全规范地操作		5%	
	总分		100%	

任务 5.7　加工单元设计与调试

任务描述

在自动化生产线中需要对工件进行钻孔并进行钻孔质量检测等。本任务通过设计旋转工作台实现工件的传送，旋转工作台由伺服电机控制，在旋转工作台上分步实现待加工工件的模拟钻孔及对钻孔质量的检测等功能。

教学目标

知识目标	技能目标	素养目标
（1）熟悉加工单元的结构与功能，并正确安装与调整； （2）正确分析伺服电机驱动系统的电气线路，并对其进行连接与测试； （3）掌握伺服电机驱动系统的控制与调试方法； （4）掌握伺服电机位置控制程序的设计与调试方法； （5）熟知磁感应式接近开关、电感式传感器及光纤传感器的应用； （6）熟知基于数字孪生技术的虚拟调试方法	（1）能进行加工单元设备机械结构的检修与维护； （2）能够正确进行气动控制分析并进行检修与维护； （3）能够进行电气系统和传感器的安装与调试； （4）会利用 PLC 获取相关传感器的数据； （5）会利用 V90 伺服器控制传送带的运行； （6）能进行加工单元的电气控制系统的设计与实现	（1）通过对前面学习的知识的重复应用，培养学生寻求不同的方法、精益求精的学习精神； （2）学习新知识，并能总结提高，深入分析，培养学生对科学技术的探索精神； （3）培养自动化工程师的设计思维

5.7.1　加工单元机械结构与功能分析

加工单元通过旋转工作台转动实现工件的传送，并在旋转工作台上分步实现待加工工件的模拟钻孔及对钻孔质量的检测，加工单元总体结构图如图 5-7-1 所示。加工单元主要由旋转工作台、钻孔模块、钻孔检测模块、电气控制模块、操作面板、I/O 转接端口模块、CP 电磁阀岛及过滤减压阀等组成。

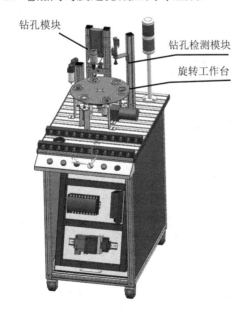
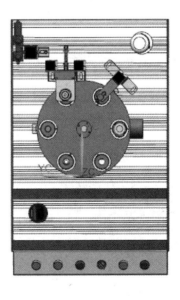

图 5-7-1　加工单元总体结构图

（1）旋转工作台主要用于准确地将工件输送到各个工序的加工位置，如图 5-7-2 所示，主要由旋转转盘、连接底座、齿轮减速器、伺服电机、伺服驱动器、电感式接近开关、漫反射式光电式接近开关及支架等组成。转盘上有 6 个用于输送工件的工位，每个工位底部有一个通孔，用于漫反射式光电式接近开关检测该工位有无工件。同时，这 6 个工位的下面均安装有定位块，用于电感式接近开关对转盘转动位置进行定位检测。伺服器驱动伺服电机运动，经过齿轮减速器变速后驱动转盘转动。

（2）钻孔模块实际上是由工件夹紧定位部件和工件钻孔加工部件两大功能部件组成的，如图 5-7-3 所示，其中，工件夹紧定位部件由顶料气缸、顶料气缸固定板、支撑架和磁感应式接近开关组成。顶料气缸用于顶住锁紧工位上到达加工位置的待钻孔工件，使工件在钻孔时不会出现偏移，以保证工件的加工质量。为了准确判定工件是被顶住还是完全放松，在顶料气缸前后两端的运动位置均安装有磁感应式接近开关，用于进行限位检测。工件钻孔加工部件主要由导杆气缸、直流电机、直流电机安装板、支撑架和磁感应式接近开关组成。其中，导杆气缸负责直流电机的上下动作，用于模拟钻孔加工时的工进和退回动作，为正确判断其运动位置，导杆气缸上下两个位置均安装有磁感应式接近开关；直流电机是用于模拟工件钻孔加工的执行机构，安装在直流电机安装板上，通过继电器对其进行启停控制。

（3）钻孔检测模块用于对已钻孔工件的钻孔质量进行检测。钻孔检测模块主要由直线气缸、直线气缸固定支架、检测模块、支撑架及磁感应式接近开关组成，如图 5-7-4 所示。检测已钻孔工件的钻孔质量是否合格是通过安装在直线气缸下降位置的磁感应式接近开关来判断的，若检测到直线气缸活塞杆能下降到位，则认为该钻孔工件质量合格；反之，若检测到直线气缸活塞杆不能下降到位，则认为该钻孔工件质量不合格。

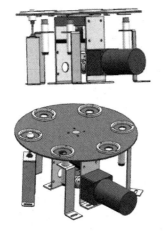

图 5-7-2　旋转工作台

图 5-7-3　钻孔模块

图 5-7-4　钻孔检测模块

5.7.2 加工单元气动控制系统设计

图 5-7-5 所示为加工单元的气动原理图。其中，直线气缸用于顶住待加工工件，固定工件；导杆气缸控制钻孔电机的上下移动；质量检测气缸通过上下移动到位来模拟检测钻孔质量。

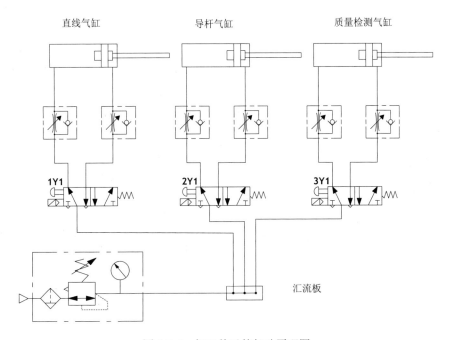

图 5-7-5 加工单元的气动原理图

5.7.3 加工单元电气控制系统设计

在加工单元中，安装在电气控制模块上的电气系统、操作面板的硬件系统及各电气接口信号与搬运单元相同。其中，加工单元中的旋转工作台采用西门子 V90 伺服电机驱动，其相关知识参见项目 3 的任务 3.3。本单元采用直流电机模拟对工件进行钻孔加工，本单元的 PLC 通过继电器常开触头的通断来控制其运行。

为了检测加工单元中的转盘待加工工位有无工件，在此工位正下方安装有一个漫反射式光电式接近开关。本单元采用伺服电机驱动转盘转动，直接通过伺服驱动器发送位置信息，控制伺服电机，驱动转盘转动，实现转动定位；如果将转盘驱动改用直流电机驱动，那么可以在每个工位下安装一个定位块，在其中一个空置工位下方安装一个电感式接近开关，实现对转盘转动位置的定位检测。但不管用哪种电机驱动转盘工作，在系统初始化时都需要借助对转盘转动位置的定位检测确定初始位置，因此电感式接近开关必不可少。根据对加工单元电气控制系统的分析可知，它主要由以下电气设备组成。

（1）1 套 TIA V16 软件。

（2）1 台 PLC 控制器，型号为 CPU 1512C-1 PN，订货号为 6ES7 512-1CK01-0AB0。

（3）1 台伺服驱动器，型号为 SINAMICS-V90-PN；1 台 SINAMICS 伺服电机。

（4）1 台触摸屏，型号为 KTP900 Basic，订货号为 6AV2 123-2JB03-0AX0。

加工单元所需要的 PLC 的 I/O 点数为 15 个输入点和 8 个输出点，选用 1512C-1 PN PLC，加工单元 I/O 地址分配表如表 5-7-1 所示。

表 5-7-1　加工单元 I/O 地址分配表

序号	地址	符号	名称	功能
1	I0.0	SB1	按钮	启动
2	I0.1	SB2	按钮	复位
3	I0.2	SB3	按钮	急停
4	I0.3	SA	开关	单机/联机
5	I0.4	1B	漫反射式传感器	有无物料检测
6	I0.5	2B	电感式传感器	定位传感器
7	I0.6	3B1	磁感应式接近开关	质量检测气缸下降到位
8	I0.7	3B2	磁感应式接近开关	质量检测气缸上升到位
9	I1.0	4B1	磁感应式接近开关	顶料气缸缩回到位
10	I1.1	4B2	磁感应式接近开关	顶料气缸伸出到位
11	I1.2	5B1	磁感应式接近开关	导杆气缸上升到位
12	I1.3	5B2	磁感应式接近开关	导杆气缸下降到位
13	Q0.0	HL1	红灯显示灯	红灯
14	Q0.1	HL2	绿色显示灯	绿灯
15	Q0.2	7B2	单电控电磁阀	顶料气缸
16	Q0.3	8B1	单电控电磁阀	导杆气缸
17	Q0.4	8B2	单电控电磁阀	检测气缸
18	Q0.5	HL1	直流电机	钻头电机旋转

根据 I/O 口的需要，本单元选用 S7-1500 PLC，配置一个数字量模块、两个模拟量模块，图 5-7-6 所示为加工单元 PLC 的 I/O 接线图。

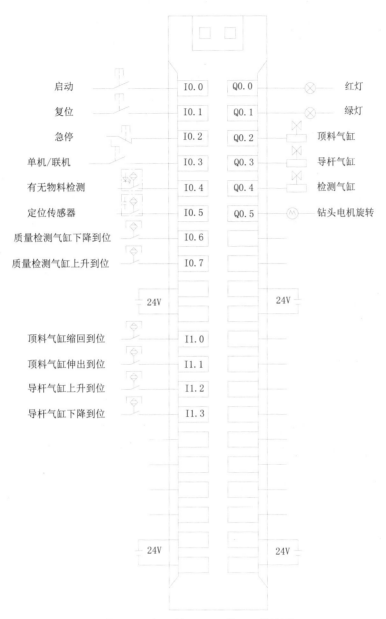

图 5-7-6　加工单元 PLC 的 I/O 接线图

5.7.4　加工单元控制功能程序设计与调试

1. 控制工艺要求

前面已对设备的机械结构与功能进行了分析，根据加工单元的机械设备运行特点进行生产工艺分析，在考虑程序功能性的同时，还要考虑程序执行后的安全性、稳定性及运行效率，设计出可靠性高、安全性高的程序。加工单元控制工艺流程的要求如下。

1）HIM 触摸屏控制功能要求

触摸屏应该设置 4 个界面：登录界面、手动界面、自动界面、报警界面。对每个界面的表述如下。

① 登录界面：可以设置账户登录和注销，自行设置账户名和密码。

② 手动界面：可以手动控制每个输出的动作，按下一次执行动作，再次按下回到初始状态，如红灯，按一次亮，按两次灭；单作用气缸（如推料气缸），按一次推出物料，再按一次缩回；双作用气缸控制的动作具有自保持功能，只需要按一次即可。

③ 自动界面：具备每个按钮和开关的功能，详见 I/O 地址分配表；可以通过"单机/联机"开关进行自动单周期和自动循环模式的切换；能够进行工作任务的设定，能够在 HMI 上显示工件周期。

④ 报警界面：能够对待加工工位无料进行报警提示，能够对设备不在初始状态进行错误报警，能够对已经完成的订单任务进行报警提示，能够对按下急停按钮进行报警提示，能够对按下停止按钮进行报警提示。

2）系统初始化

设备上电后，在自动模式下，按下复位按钮后，进行初始化操作：顶杆气缸处于缩回状态，导杆上升到位，质量检测气缸缩回到位，直流电机停止运行，转盘处于待加工工位。

3）系统运行过程

① 按下复位按钮，系统进行复位状态检测，判断是否处于初始状态，若不在初始状态，则回到初始状态，伺服电机顺时针旋转，直到电感式接近开关检测到定位信号后才停止。

② 按下启动按钮，绿灯常亮指示，待检测到工件到来时，转盘将工件送达加工钻孔位置，顶料气缸顶住工件，导杆气缸下降，钻孔电机对工件实施钻孔加工。

③ 钻孔完成，导杆气缸上升，顶料气缸缩回，钻孔电机停止运行。

④ 转盘将工件送达检测位置，检测气缸下降，对工件的钻孔质量进行检测，若质量检测气缸能下降到位，则表示钻孔质量合格，否则表示钻孔质量不合格。

⑤ 进行钻孔质量检测后，转盘将工件送到出料位置并回到复位状态，等待新一轮的启动信号。

⑥ 加工单元有自动单周期、自动循环两种工作模式。无论在哪种工作模式的控制任务中，设备都必须处于初始状态，否则不允许启动。

⑦ 自动单周期模式：当设备满足启动条件后，按下启动按钮，按照控制任务要求开始运行，完成一个周期的任务后停止；再次按启动按钮才进行新周期的运行。

⑧ 自动循环工作模式：复位完成后，按下启动按钮，系统按控制任务要求完成整个运行过程，自动完成 HMI 触摸屏任务要求的工件数目后回到初始状态。若需要开始新的工作任务，则需要复位后重新设置工件数目，按启动按钮，重新启动设备运行过程。

4）系统正常停止

按下停止按钮，完成当前周期的工作后，所有机构回到初始位置，系统停机。

5）系统急停

按下急停按钮，系统立刻停机，复位后方能启动。

6）系统指示灯

① 当系统不工作时，红灯常亮。

② 当系统不满足初始状态时，红灯闪烁。

③ 当系统运行时，绿灯常亮。

④ 当系统急停时，红灯以 2Hz 的频率闪烁。

加工单元控制工艺流程图如图 5-7-7 所示。

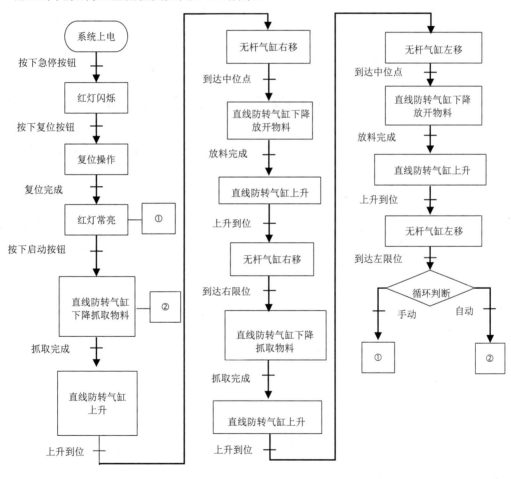

图 5-7-7　加工单元控制工艺流程图

2. 程序设计

1）设备组态

根据电气硬件设备的要求，对设备进行组态，加工单元的设备组态如图 5-7-8 所示。

分配不同的 IP 地址，采用 PROFINET 接口通信，IP 地址分配如下。

    PLC_1 [CPU 1512C-1 PN]：192.168.0.1。

    HMI_1 [KTP900 Basic PN]：192.168.0.2。

    V90 伺服器：192.168.0.3，可以参照任务 3.3 进行 V90 伺服器的组态。

图 5-7-8　加工单元的设备组态

2）新建需要用的变量

新建所需的 HMI 变量，新建数据块，名称为"HMI"，如图 5-7-9 所示。

图 5-7-9　加工单元"HMI"变量数据块

新建加工单元 PLC 变量表，如图 5-7-10 所示，名称为默认，主要用于 I/O 变量。图 5-7-11 所示为加工单元默认变量表，主要用于显示各种中间变量。

3）HMI 界面设置

HMI 界面设计包含登录界面、手动界面、自动界面、报警界面 4 个界面设计，分别如图 5-7-12、图 5-7-13、图 5-7-14、图 5-7-15 所示。加工单元 HMI 报警设置如图 5-7-16 所示。

图 5-7-10　加工单元 PLC 变量表

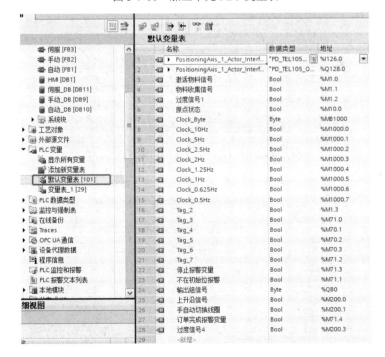

图 5-7-11　加工单元默认变量表

图 5-7-12　加工单元登录界面

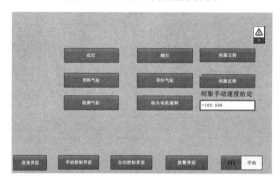

图 5-7-13　加工单元手动界面

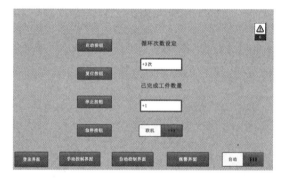

图 5-7-14　加工单元自动界面

图 5-7-15　加工单元报警界面

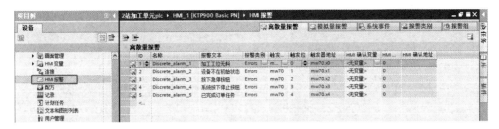

图 5-7-16　加工单元 HMI 报警设置

4）程序编写

① 新建"Startup"OB100 块，给定 HMI 的默认频率，加工单元"Startup"程序如图 5-7-17 所示。

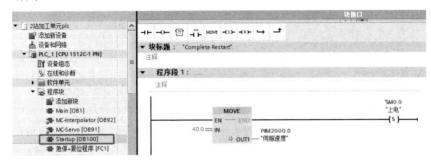

图 5-7-17　加工单元"Startup"程序

② 在添加新设备 V90 伺服器后，在"工艺对象"中新增对象，具体应用参考任务 3.3 伺服器的有关内容。在"程序块"中添加"伺服"FB 程序，先添加新块，语言选择"LAD"，加工单元"伺服"FB 程序如图 5-7-18 所示。

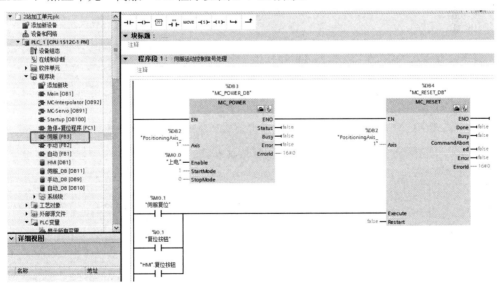

图 5-7-18　加工单元"伺服"FB 程序

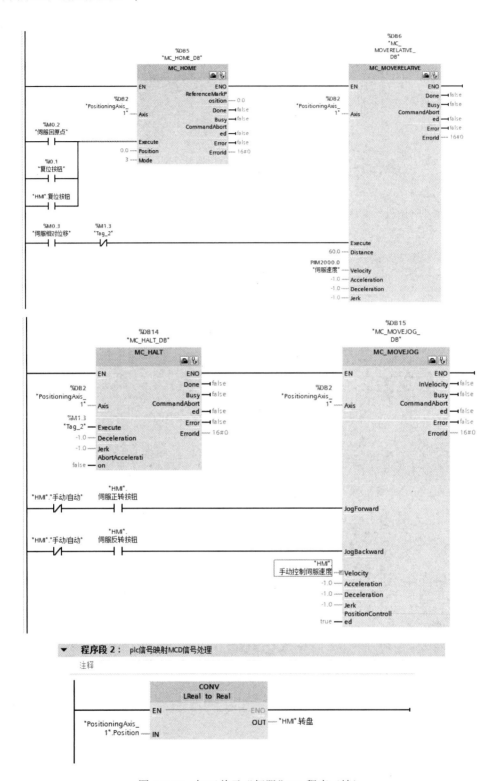

图 5-7-18　加工单元"伺服"FB 程序（续）

③ 添加"手动"FB 程序，添加新块，加工单元"手动"FB 程序如图 5-7-19 所示。

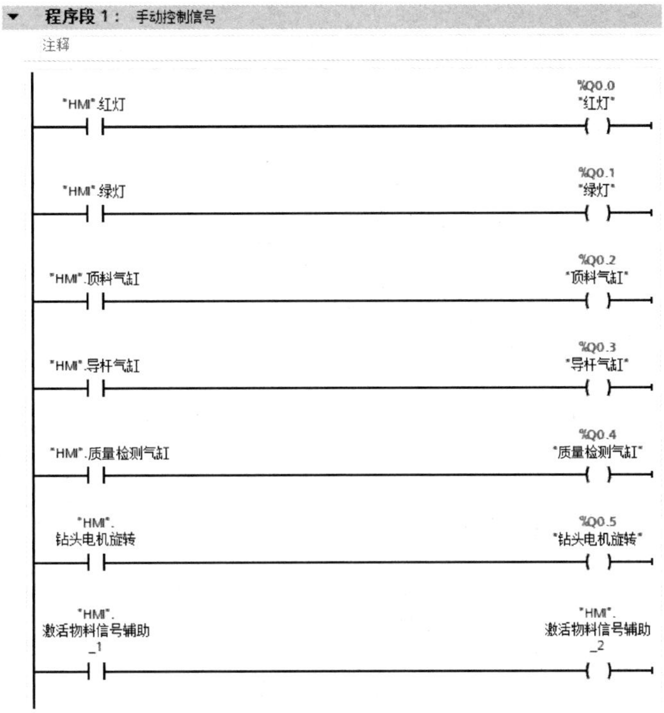

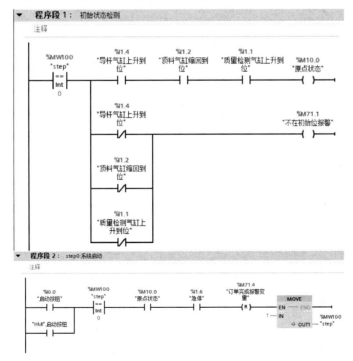

图 5-7-19　加工单元"手动"FB 程序

④ 添加"自动"FB 程序，添加新块，加工单元"自动"FB 程序如图 5-7-20 所示。

图 5-7-20　加工单元"自动"FB 程序

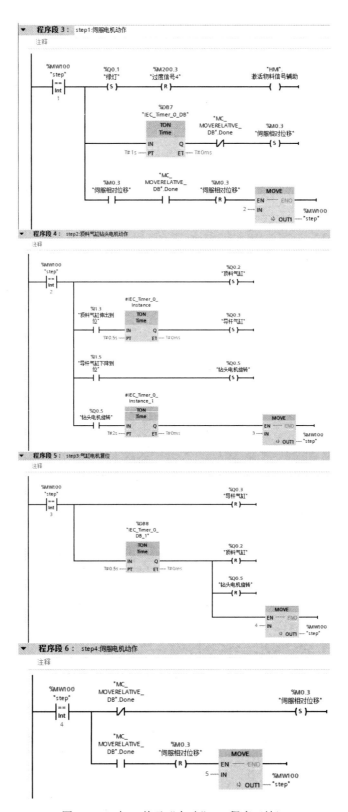

图 5-7-20 加工单元"自动"FB 程序（续）

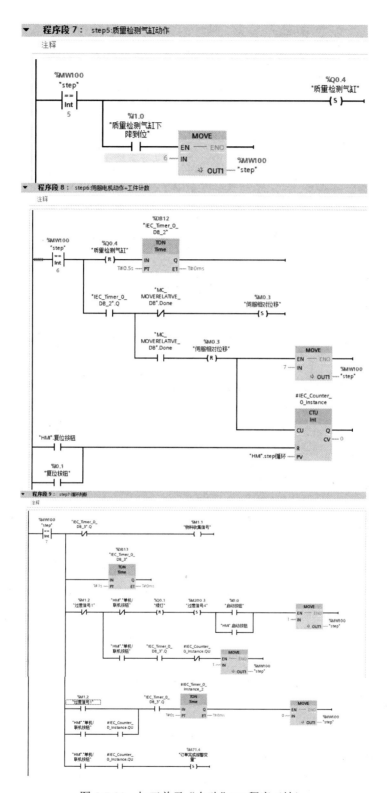

图 5-7-20　加工单元"自动"FB 程序（续）

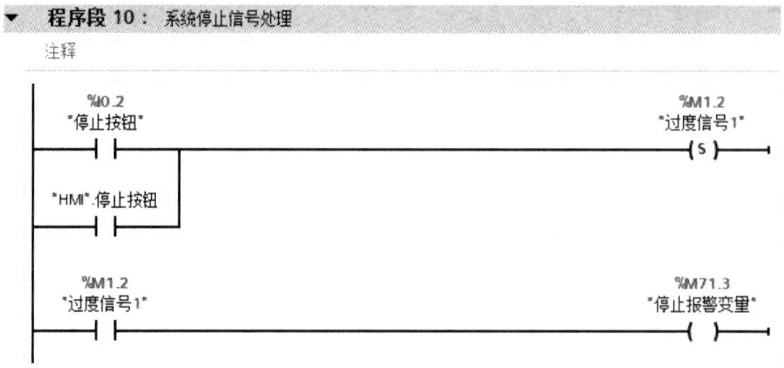

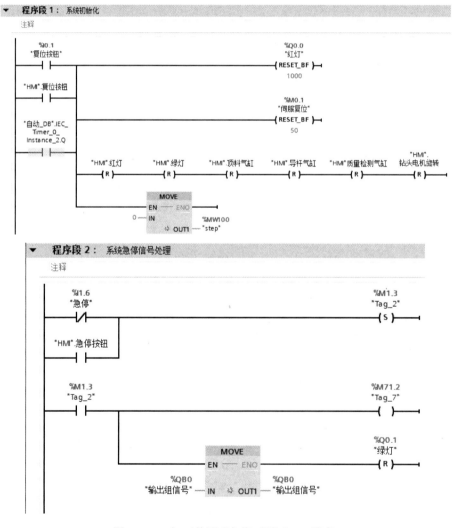

图 5-7-20　加工单元"自动"FB 程序（续）

⑤ 添加"急停+复位程序"FC 程序，加工单元"急停+复位"FC 程序如图 5-7-21 所示。

图 5-7-21　加工单元"急停+复位"FC 程序

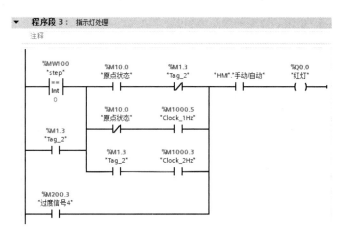

图 5-7-21　加工单元"急停+复位"FC 程序（续）

⑥ 添加"Main"主程序，加工单元"Main"程序如图 5-7-22 所示。

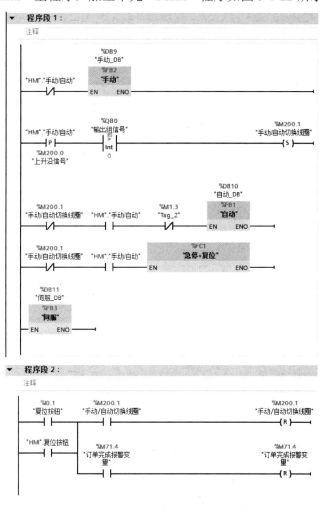

图 5-7-22　加工单元"Main"程序

图 5-7-22 加工单元"Main"程序（续）

3. 程序调试

编写完加工单元程序后，通过 4.2 节介绍的方法进行仿真调试，图 5-7-23 所示为加工单元仿真调试程序功能图。

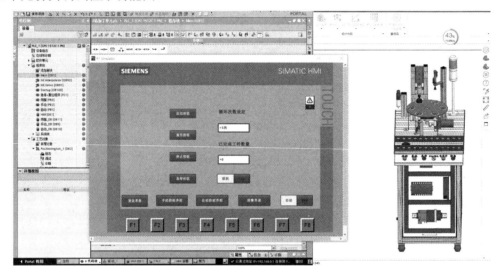

图 5-7-23 加工单元仿真调试程序功能图

通过这个单元的学习，实现了加工单元的动作，进行了自动化生产线控制系统的设计与调试，完整展现了自动化生产线设备电气控制系统的设计过程。

任务 5.8 分类输送单元设计与调试

🔆 任务描述

在自动化生产线中需要对工件进行分拣输送，本任务通过颜色传感器进行颜色识别，将不同的工件放入不同的槽内，实现分类。其中，工件通过传送带进行输送，传送带用 G120 变频器与三相异步电机控制实现动作，实现输送的功能。读者通过学习本任务，可以巩固变频器的知识，学会自动化生产线物料分类输送控制系统的设计方法。

教学目标

知识目标	技能目标	素养目标
（1）熟悉分类输送单元的机械结构和功能； （2）掌握分类输送单元气动控制系统的设计方法； （3）熟知磁感应式接近开关、光纤传感器的应用方法； （4）熟悉分类输送单元电气控制系统的编程方法与设计流程； （5）熟知利用 G120 变频器控制传送带的编程方法； （6）熟知基于数字孪生技术的虚拟调试方法	（1）能进行分类输送单元设备机械结构的检修与维护； （2）能够正确进行气动控制分析并能进行检修与维护； （3）能够进行电气系统和传感器的安装与调试； （4）会利用 PLC 获取相关传感器的数据； （5）会利用 G120 变频器控制传送带的运行； （6）会进行分类输送单元的电气控制系统设计与实现	（1）通过对前面学习的知识的重复应用，培养学生寻求不同的方法、精益求精的学习精神； （2）学习新知识，并能总结提高，深入分析，培养学生对科学技术的探索精神； （3）培养自动化工程师的设计思维

5.8.1　分类输送单元机械结构与功能分析

分类输送单元将工件通过传送带输送到下一个单元，并根据传送器读取工件信息，在工件检测模块和推料模块的配合下，实现传送带模块上工件的自动分类输送功能。分类输送单元主要由传送带模块、工件检测模块、推料模块、颜色传感器、物料有无传感器、电气控制模块、操作面板、I/O 转接端口模块、电磁阀及气源处理装置等组成，分类输送单元总体结构图如图 5-8-1 所示。

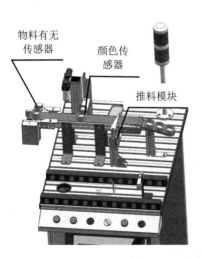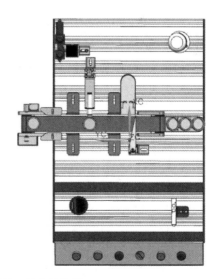

图 5-8-1　分类输送单元总体结构图

传送带模块：以变频器控制三相异步电机的启停和速度，以达到改变传送带传输速度的目的。其中，光电编码器用于检测电机运行速度，为转速控制提供反馈信号。

推料模块：双作用直线气缸通过固定支架安装在传送带支架外端，依据预设的工件信息，当传送带上的工件在推料气缸前端停止时，推料气缸动作，将工件推到滑槽中。

工件检测模块：借助安装在传送带前端的光纤传感器检测工件是否从上一单元传送到位，为传送带的启停控制提供检测信号；通过在传送带中间放置漫反射式光电式接近开关检测工件的颜色信息，为分类提供依据。

5.8.2 分类输送单元气动控制系统设计

根据分类输送单元的机械结构和控制功能要求可知，推料模块需要一个摆动气缸实现物料分拣，图 5-8-2 所示为分类输送单元的气动原理图。

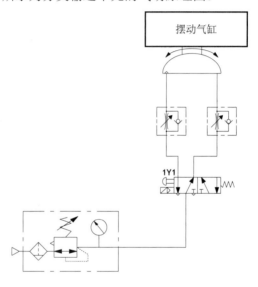

图 5-8-2 分类输送单元的气动原理图

5.8.3 分类输送单元电气控制系统设计

下面学习 S7-1500 PLC，传送带用 G120 变频器与三相异步电机控制实现动作，有关变频器的学习可以参考项目 3 的任务 3.3，具体的电气系统配置如下所示。

（1）1 套 TIA V16 软件。

（2）1 台 PLC 控制器，型号为 CPU 1512C-1 PN，订货号为 6ES7 512-1CK01-0AB0。

（3）1 台变频器，型号为 SINAMICS G120C PN，配置 SINAMICS IOP-2 控制面板。

（4）1 台三相异步电机，参数为 25W、220/380V、0.12A、50Hz、1350rpm。

（5）1 台触摸屏，型号为 KTP900 Basic，订货号为 6AV2 123-2JB03-0AX0。

根据机械结构功能分析，结合气动控制系统设计，设计出分类输送单元 I/O 分配方案，如表 5-8-1 所示。

表 5-8-1 分类输送单元 I/O 分配方案

I/O 分配	输入点分配	I0.0～I0.3 输入端口被分配给各单元的操作面板使用，共 4 个点；I0.4～I0.7 被分配给传感器使用，共 4 个点
	输出点分配	Q0.0～Q0.3 输出端口被分配给各工作台面上设备的输出信号使用,用于控制指示灯和各类气缸的动作，共 4 个点
	备用点分配	PLC 的 I1.0～I3.7 输入端口、Q0.4～Q3.7 输出端口被分配给各单元的 I/O 通信转换模块使用，并供系统扩充备用

设计好分配方案后就可以进行具体 I/O 地址分配了，表 5-8-2 所示为分类输送单元的 PLC 的 I/O 地址分配表，其中，有关 G120 变频器的控制内容可以参考项目 3 的任务 3.2 的相关部分，表 5-8-3 所示为 G120 变频器的 I/O 地址分配表。

表 5-8-2 分类输送单元的 PLC 的 I/O 地址分配表

序号	地址	符号	名称	功能
1	I0.0	SB1	按钮	启动
2	I0.1	SB2	按钮	复位
3	I0.2	SB3	按钮	急停
4	I0.3	SA	开关	单机/联机
5	I0.4	1B	光纤传感器	传送带前端有无物料检测
6	I0.5	2B	漫反射传送器	物料颜色识别（白色为 1）
7	I0.6	3B1	磁感应式接近开关	挡料气缸伸出到位
8	I0.7	3B2	磁感应式接近开关	挡料气缸缩回到位
9	Q0.0	HL1	红灯显示灯	红灯
10	Q0.1	HL2	绿色显示灯	绿灯
11	Q0.2	Y1	单电控电磁阀	挡料气缸动作

表 5-8-3 G120 变频器的 I/O 地址分配表

数据方向	I/O 地址
PLC→变频器	QW256
	QW258
变频器→PLC	IW256
	IW258

根据 I/O 口的需要，本单元选用 S7-1500 PLC，配置一个模拟量模块，配置两个数字量模块，图 5-8-3 所示为分类输送单元的 PLC 的 I/O 接线图。

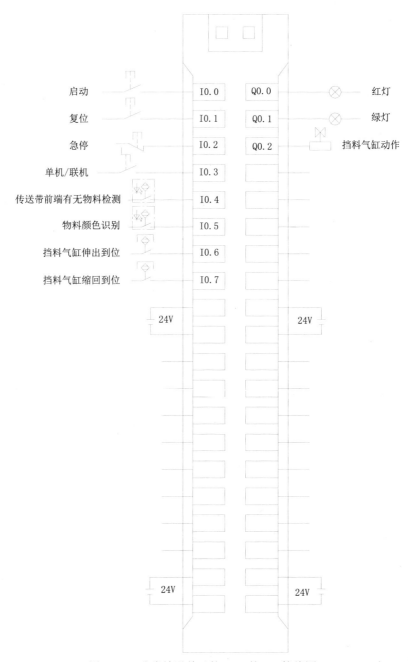

图 5-8-3　分类输送单元的 PLC 的 I/O 接线图

5.8.4　分类输送单元控制功能程序设计与调试

1. 控制工艺要求

对设备的机械结构与功能进行分析，根据分类输送单元的机械设备的运行特点，进行生产工艺分析，在考虑程序的功能性的同时，还要考虑程序执行后的安全性、稳定性及运行效率，设计出可靠性高、安全性高的程序。分类输送单元控制工艺流程的要求如下。

1）HIM 触摸屏控制功能要求

触摸屏应该设置 4 个界面：登录界面、手动界面、自动界面、报警界面，对每个界面的表述如下。

① 登录界面：可以设置账户登录和注销，自行设置账户名和密码。

② 手动界面：可以手动控制每个输出的动作，按下一次执行动作，再次按下回到初始状态，如红灯，按一次亮，按两次灭；单作用气缸（如推料气缸），按一次推出物料，再按一次缩回；双作用气缸控制的动作具有自保持功能，只需要按一次即可。

③ 自动界面：具备每个按钮和开关的功能，详见 I/O 地址分配表；可以通过"单机/联机"开关进行自动单周期和自动循环模式的切换；能够进行工作任务的设定，能够在 HMI 上显示工件周期，能够在 HMI 上分别显示黑白工件的分拣数量及总数量。

④ 报警界面：能够对传送带前端无料进行报警提示，能够对设备不在初始状态进行错误报警，能够对已经完成的订单任务进行报警提示，能够对按下急停按钮进行错误报警提示，能够对按下停止按钮进行报警提示，能够对传送带上有料进行报警提示。

2）系统初始化

设备上电后，在自动模式下，按下复位按钮后，进行初始化操作：挡料气缸处于缩回状态，传送带处于停止状态，传送带上无料。

3）系统运行过程

① 按下复位按钮，系统进行复位状态检测，判断是否处于初始状态，若不在初始状态，则回到初始状态。

② 按下启动按钮，光纤传感器判断有无物料在传送带前端，准备输送，若检测到有料，则传送带运行。

③ 当物料经过颜色传感器时，如果识别结果为白色工件，那么将挡料气缸推出，将白色工件推入相应的槽内，如果识别结果为黑色工件，那么将其送至尾端的槽内，并对黑白工件分别进行计数。

④ 分类输送单元有自动单周期、自动循环两种工作模式。无论在哪种工作模式的控制任务中，设备都必须处于初始状态，否则不允许启动。

⑤ 自动单周期模式：当设备满足启动条件后，按下启动按钮后按照控制任务要求开始运行，完成一个周期后停止；再次按启动按钮才进行新周期的运行。

⑥ 自动循环工作模式：复位完成后，按下启动按钮，系统按控制任务要求完成整个运行过程，自动完成 HMI 触摸屏任务要求的工件数目后回到初始状态。若需要开始新的任务，则需要复位后重新设置工件数目，按启动按钮，重新启动设备运行过程。

4）系统正常停止

按下停止按钮，完成当前周期的工作后，所有机构回到初始位置，系统停机。

5）系统急停

按下急停按钮，系统立刻停机，复位后方能启动。

6）系统指示灯

① 当系统不工作时，红灯常亮。

② 当系统不满足初始状态时，红灯闪烁。

③ 当系统运行时，绿灯常亮。

④ 当系统急停时，红灯以 2Hz 的频率闪烁。

分类输送单元控制工艺流程图如图 5-8-4 所示。

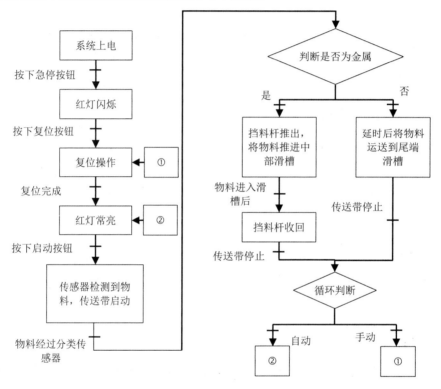

图 5-8-4　分类输送单元控制工艺流程图

2．程序设计

1）设备组态

根据电气硬件设备的要求，对设备进行组态，分类输送单元设备组态如图 5-8-5 所示，IP 地址分配如下。

PLC_1 [CPU 1512C-1 PN]：192.168.0.1。

HMI_1 [KTP900 Basic PN]：192.168.0.2。

G120 变频器：192.168.0.3，可以参照任务 3.3 进行 V90 伺服器的组态。

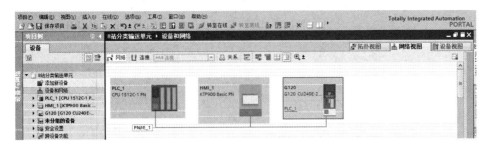

图 5-8-5 分类输送单元设备组态

2）新建需要用的变量

新建所需的 HMI 变量，新建数据块，名称为"HMI"，如图 5-8-6 所示。

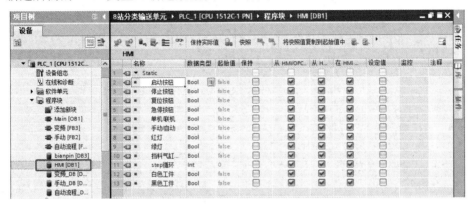

图 5-8-6 分类输送单元"HMI"变量数据块

新建所需的 PLC 变量，新建"bianpin"数据块，如图 5-8-7 所示，用于变频器的数据处理。

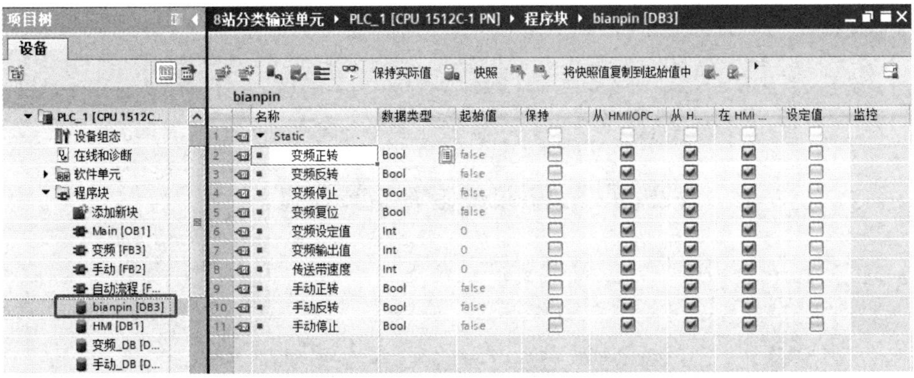

图 5-8-7 分类输送单元"bianpin"数据块

新建所需的 PLC 变量，单击"PLC 变量"，在"默认变量表"中添加所需的变量，分类输送单元默认变量表如图 5-8-8 所示。

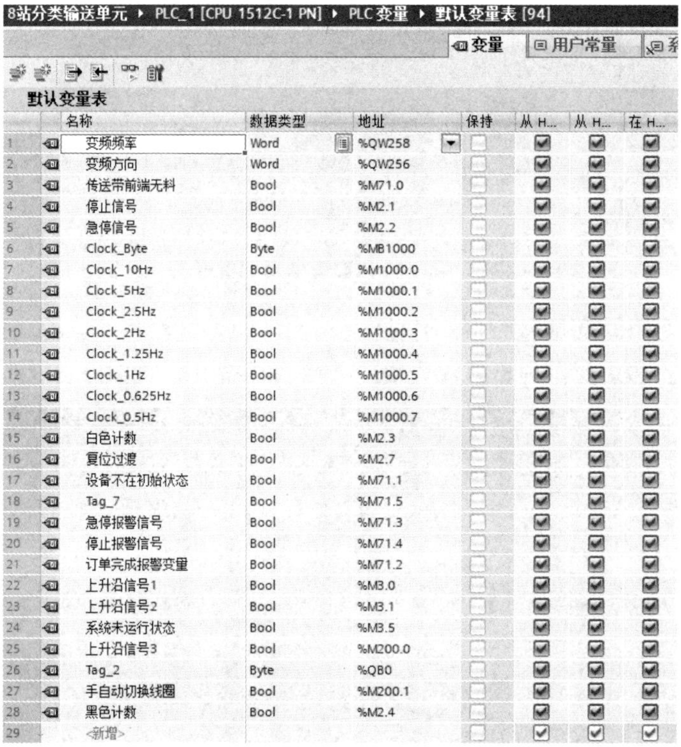

8站分类输送单元 ▸ PLC_1 [CPU 1512C-1 PN] ▸ PLC变量 ▸ 默认变量表 [94]

变量 | 用户常量 | 系

默认变量表

	名称	数据类型	地址	保持	从 H...	从 H...	在 H...
1	变频频率	Word	%QW258	☐	☑	☑	☑
2	变频方向	Word	%QW256	☐	☑	☑	☑
3	传送带前端无料	Bool	%M71.0	☐	☑	☑	☑
4	停止信号	Bool	%M2.1	☐	☑	☑	☑
5	急停信号	Bool	%M2.2	☐	☑	☑	☑
6	Clock_Byte	Byte	%MB1000	☐	☑	☑	☑
7	Clock_10Hz	Bool	%M1000.0	☐	☑	☑	☑
8	Clock_5Hz	Bool	%M1000.1	☐	☑	☑	☑
9	Clock_2.5Hz	Bool	%M1000.2	☐	☑	☑	☑
10	Clock_2Hz	Bool	%M1000.3	☐	☑	☑	☑
11	Clock_1.25Hz	Bool	%M1000.4	☐	☑	☑	☑
12	Clock_1Hz	Bool	%M1000.5	☐	☑	☑	☑
13	Clock_0.625Hz	Bool	%M1000.6	☐	☑	☑	☑
14	Clock_0.5Hz	Bool	%M1000.7	☐	☑	☑	☑
15	白色计数	Bool	%M2.3	☐	☑	☑	☑
16	复位过渡	Bool	%M2.7	☐	☑	☑	☑
17	设备不在初始状态	Bool	%M71.1	☐	☑	☑	☑
18	Tag_7	Bool	%M71.5	☐	☑	☑	☑
19	急停报警信号	Bool	%M71.3	☐	☑	☑	☑
20	停止报警信号	Bool	%M71.4	☐	☑	☑	☑
21	订单完成报警变量	Bool	%M71.2	☐	☑	☑	☑
22	上升沿信号1	Bool	%M3.0	☐	☑	☑	☑
23	上升沿信号2	Bool	%M3.1	☐	☑	☑	☑
24	系统未运行状态	Bool	%M3.5	☐	☑	☑	☑
25	上升沿信号3	Bool	%M200.0	☐	☑	☑	☑
26	Tag_2	Byte	%QB0	☐	☑	☑	☑
27	手自动切换线圈	Bool	%M200.1	☐	☑	☑	☑
28	黑色计数	Bool	%M2.4	☐	☑	☑	☑
29	<新增>			☐	☑	☑	☑

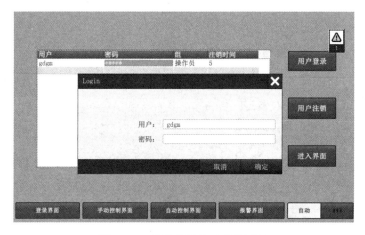

图 5-8-8　分类输送单元默认变量表

3）HMI 界面设置

HMI 界面设计包含登录界面、手动界面、自动界面、报警界面 4 个界面设计，分别如图 5-8-9、图 5-8-10、图 5-8-11、图 5-8-12 所示。分类输送单元 HMI 报警设置如图 5-8-13 所示。

图 5-8-9　分类输送单元登录界面

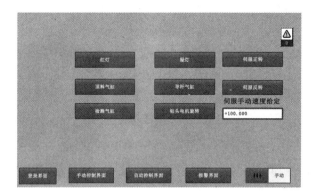

图 5-8-10　分类输送单元手动界面

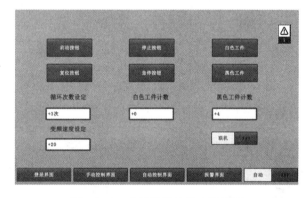

图 5-8-11　分类输送单元自动界面

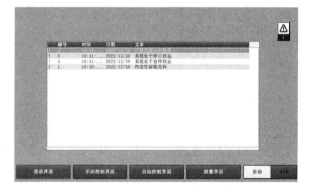

图 5-8-12　分类输送单元报警界面

图 5-8-13　分类输送单元 HMI 报警设置

4）程序编写

① 在添加新设备 G120 变频器后，新建"变频"FB 程序，给定 HMI 的默认频率，分类输送单元"变频"FB 程序如图 5-8-14 所示。

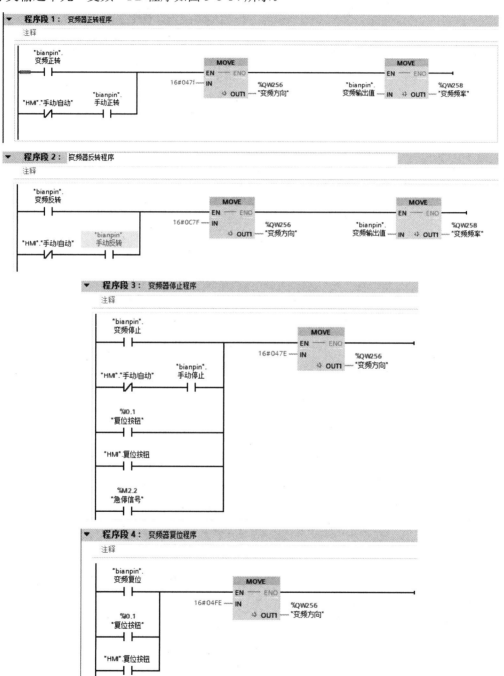

图 5-8-14　分类输送单元"变频"FB 程序

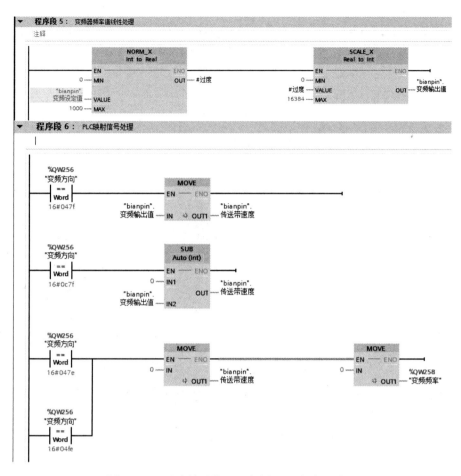

图 5-8-14　分类输送单元"变频"FB 程序（续）

② 添加"手动"FB 程序，分类输送单元"手动"FB 程序如图 5-8-15 所示。

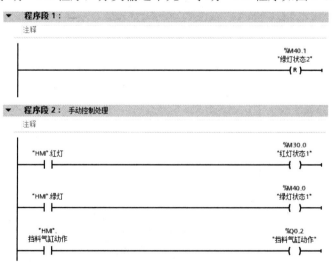

图 5-8-15　分类输送单元"手动"FB 程序

③ 添加"自动"FB 程序，编程语言选择"GRAPH"，分类输送单元"自动"FB 程序如图 5-8-16 所示。

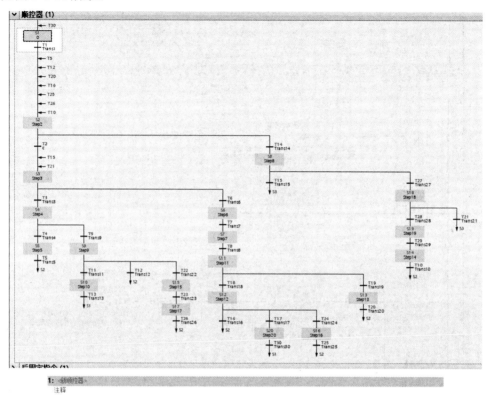

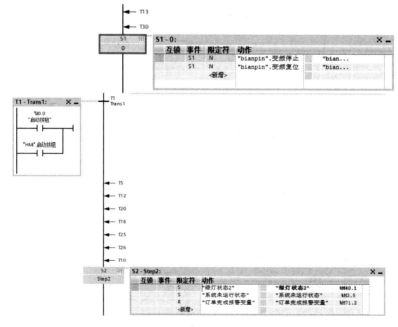

图 5-8-16　分类输送单元"自动"FB 程序

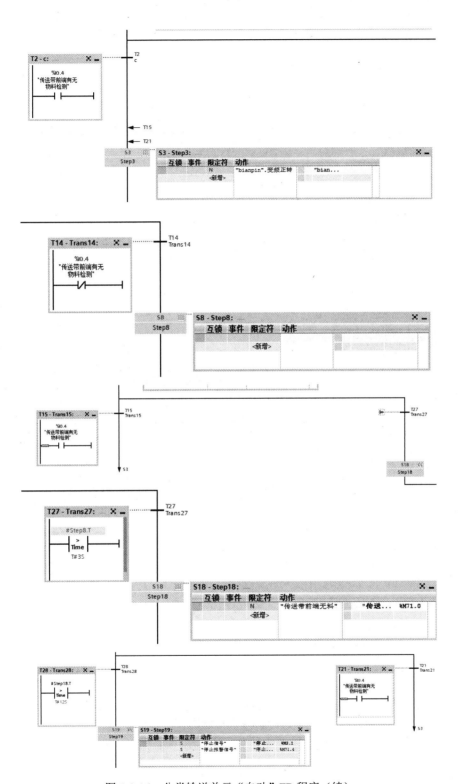

图 5-8-16　分类输送单元"自动"FB 程序（续）

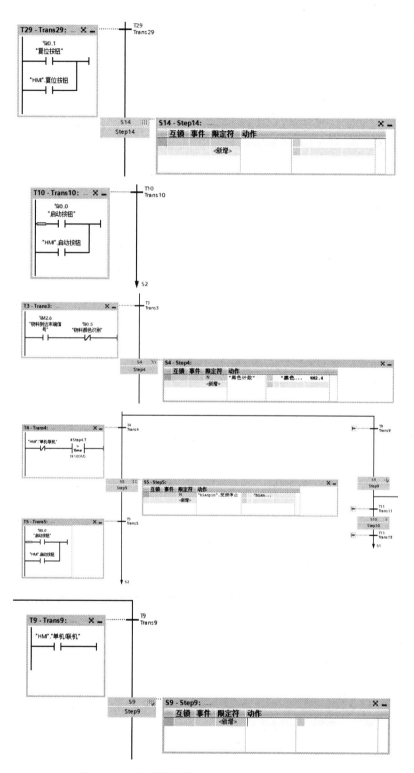

图 5-8-16　分类输送单元"自动"FB 程序（续）

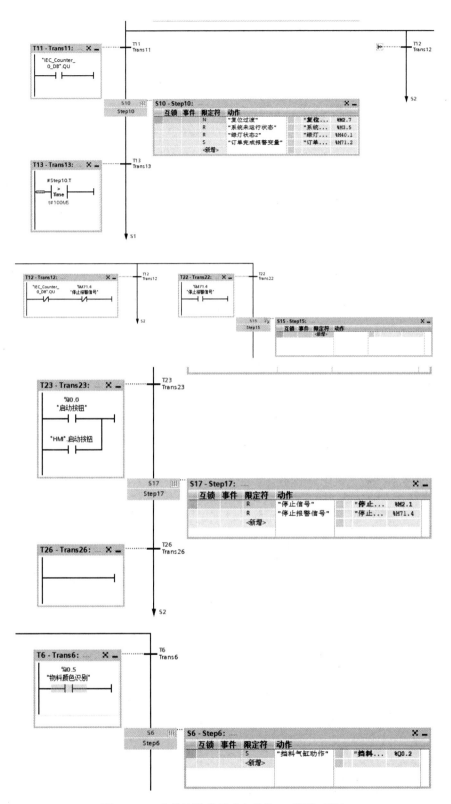

图 5-8-16　分类输送单元"自动"FB 程序（续）

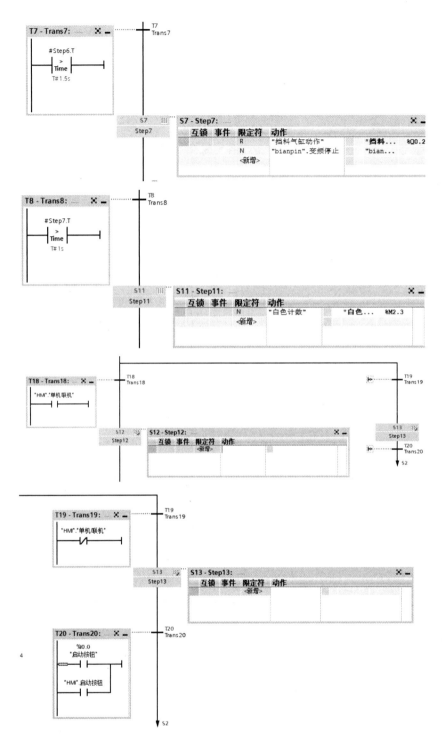

图 5-8-16 分类输送单元"自动"FB 程序（续）

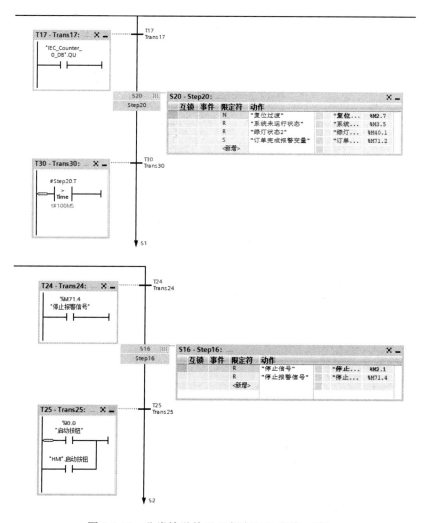

图 5-8-16　分类输送单元"自动"FB 程序（续）

④ 添加"Main"程序，分类输送单元"Main"程序如图 5-8-17 所示。

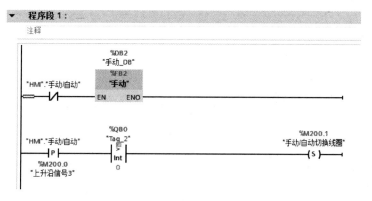

图 5-8-17　分类输送单元"Main"程序

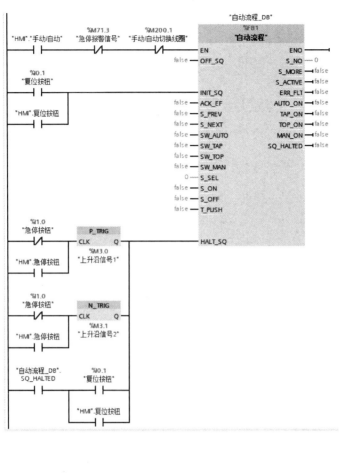

图 5-8-17　分类输送单元"Main"程序（续）

程序段 3： 原点状态判断

注释

```
"HMI"."手动/自动"  "M200.1        %M3.5        %QW258       %I0.7        %M2.0
                "手动/自动切换线圈" "系统未行状态"  "变频频率"   "挡料气缸缩回到  "原点状态"
                                              ==          位"
                                              Int
                                              0

                               %QW258       %M71.1
                               "变频频率"    "设备不在初始状
                                           态"
                                <>
                                Int
                                0

                               %I0.7
                               "挡料气缸缩回到
                               位"
```

程序段 4： 系统停止信号处理

注释

```
%I0.2                                        %M2.1
"停止按钮"                                     "停止信号"
                                             (S)

"HMI".停止按钮                                 %M71.4
                                            "停止报警信号"
                                             (S)
```

程序段 5： 系统急停信号处理

注释

```
%I1.0                                        %M2.2
"急停按钮"                                     "急停信号"
                                             (S)

"HMI".急停按钮                                 %M71.3
                                            "急停报警信号"
                                             (S)

                                             %M40.1
                                            "绿灯状态2"
                                             (R)
```

程序段 6： 系统循环计数

注释

```
                              %DB4
                          "IEC_Counter_
                              0_DB"

%M2.3                          CTU
"白色计数"                       Int

                              CU        Q
%M2.4                                   CV — 0
"黑色计数"

%I0.3
"单机/联机"
                              R
                "HMI".step循环  PV
"HMI".复位按钮
```

图 5-8-17 分类输送单元 "Main" 程序（续）

▼ **程序段 7：** 白色、黑色工件计数

注释

```
                                          %DB7
                                      "IEC_Counter_
                                         0_DB_1"
          %M2.3                          CTU
         "白色计数"                        Int
  ───────┤ ├────────────────────────── CU        Q ──────────────
                                                  CV ── 0
          %I0.3
         "单机/联机"
  ───────┤ ├──────────┬─────────────── R
                      │               0 ── PV
       "HMI".复位按钮  │
  ───────┤ ├──────────┘
```

```
                                          %DB8
                                      "IEC_Counter_
                                         0_DB_2"
          %M2.4                          CTU
         "黑色计数"                        Int
  ───────┤ ├────────────────────────── CU        Q ──────────────
                                                  CV ── 0
          %I0.3
         "单机/联机"
  ───────┤ ├──────────┬─────────────── R
                      │               0 ── PV
       "HMI".复位按钮  │
  ───────┤ ├──────────┘
```

▼ **程序段 8：** 指示灯处理

注释

```
   "HMI"."手动/自动"   %M3.5          %M2.0         %M2.2        %M30.1
                    "系统未运行状态"  "原点状态"     "急停信号"    "红灯状态2"
  ────┤ ├────────┬───┤/├────────┬───┤ ├────────┬──┤/├───────────( )───
                 │              │             │
                 │              │   %M2.0        %M1000.5
                 │              │  "原点状态"     "Clock_1Hz"
                 │              └───┤/├─────────┤ ├──┘
                 │
                 │   %M2.2         %M1000.3
                 │  "急停信号"      "Clock_2Hz"
                 └───┤ ├──────────┤ ├──┘
```

▼ **程序段 9：**

注释

```
          %M30.0                                          %Q0.0
         "红灯状态1"                                        "红灯"
  ───────┤ ├────────┬──────────────────────────────────────( )───
                    │
          %M30.1    │
         "红灯状态2" │
  ───────┤ ├────────┘

          %M40.0                                          %Q0.1
         "绿灯状态1"                                        "绿灯"
  ───────┤ ├────────┬──────────────────────────────────────( )───
                    │
          %M40.1    │
         "绿灯状态2" │
  ───────┤ ├────────┘
```

图 5-8-17　分类输送单元"Main"程序（续）

3．程序调试

编写完分类输送单元程序后，通过 4.2 节介绍的方法进行仿真调试，图 5-8-18 所示为分类输送单元仿真调试程序功能图。

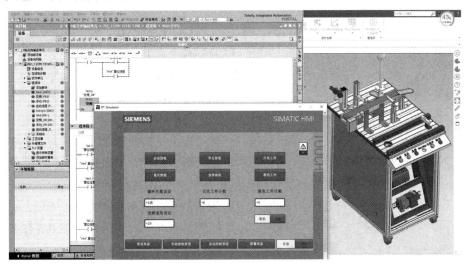

图 5-8-18　分类输送单元仿真调试程序功能图

通过这个单元的学习，实现了分类输送单元的动作，进行了自动化生产线控制系统的设计与调试，完整展现了自动化生产线设备电气控制系统的设计过程。

任务 5.9　自动化生产线的联机调试

1．控制功能描述

自动化生产线各单元的顺序为供料单元、加工单元、安装搬运单元、安装单元、提取安装单元、操作手单元、搬运单元和分类输送单元。自动化生产线设备组成图如图 5-9-1 所示，具体控制功能如下所述。

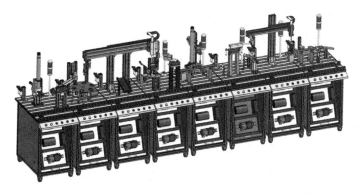

图 5-9-1　自动化生产线设备组成图

① 供料单元料筒供料后，供应物料为成品的底座部分，通过摆动机构将物料底座搬运到加工单元的转盘上。

② 加工单元检测传感器检测到物料底座到位，加工单元进行钻孔加工、质量检测等工作，将物料送至待搬运区。

③ 若安装单元检测传感器检测到有料芯，则推料气缸将料芯推出。

④ 安装搬运单元夹取加工单元加工完毕的底座，先将其搬运到安装单元右边的待操作位置，再夹取料芯，安装在底座上；安装搬运单元安装完料芯后，安装单元将安装好的工件搬运到提取安装单元的传送带上。

⑤ 提取安装单元启动传送带，挡料气缸伸出，工件到待安装位置后传送带停止，若料筒内的检测传感器检测到有盖子，则推料气缸推出，吸料气缸吸取盖子，并将盖子安装在工件上，此时，整个工件安装完毕，传送带重新启动，将工件传送到传送带末端。

⑥ 操作手单元夹取工件并将其放到待检测位置上，在搬运过程中，会经过两个传感器，一个判断底座的颜色，另一个判断盖子的颜色，若底座和盖子的颜色不同，则推料气缸推出，将工件推到滑槽上；若底座和盖子的颜色相同，则等待下一个单元操作。

⑦ 搬运单元将工件从操作手单元搬运到分类输送单元的传送带上。

⑧ 分类输送单元启动传送带，工件经过光电式接近开关，若工件为白色，则挡料气缸伸出，将物料挡进滑槽；若工件为黑色，则传送带直接将工件传送到末端的滑槽中。

自动化生产线联机控制工艺流程图如图 5-9-2 所示。

2．程序设计

1）S7 通信简介

S7 通信（S7 Communication）集成在每一个 SIMATIC S7/M7 和 C7 的系统中，属于 OSI 参考模型第 7 层应用层的协议，它独立于各个网络，可以应用于多种网络（如 MPI、PROFIBUS、工业以太网）。S7 通信通过不断重复接收数据来保证网络报文的正确性。在 SIMATIC S7 中，通过组态建立 S7 连接来实现 S7 通信。

2）通信实现

① 新建项目，添加新设备，自动化生产线的 8 个单元的设备网络图如图 5-9-3 所示。

② IP 地址设置。自动化生产线 IP 地址设置如图 5-9-4 所示，在此以供料单元为例，将 IP 地址设置为 192.168.1.100，将 PROFINET 设备名称设置为供料单元，其余 7 个单元的 IP 地址依次为 192.168.1.110、192.168.1.120、192.168.1.130、192.168.1.140、192.168.1.150、192.168.1.160、192.168.1.170，设备名称分别为各设备单元的名称。

③ 建立 S7 连接。

选择"网络"，单击"连接"选项卡，选择"S7_连接"，将供料单元的 PN 接口（图 5-9-5 中两条线的连接头）选中并按住不放，将其拖拽到加工单元的 PN 口后释放鼠标。供料单元与加工单元的 S7 通信设置如图 5-9-5 所示，注意，此处以供料单元为本地，以加工单元为伙伴。

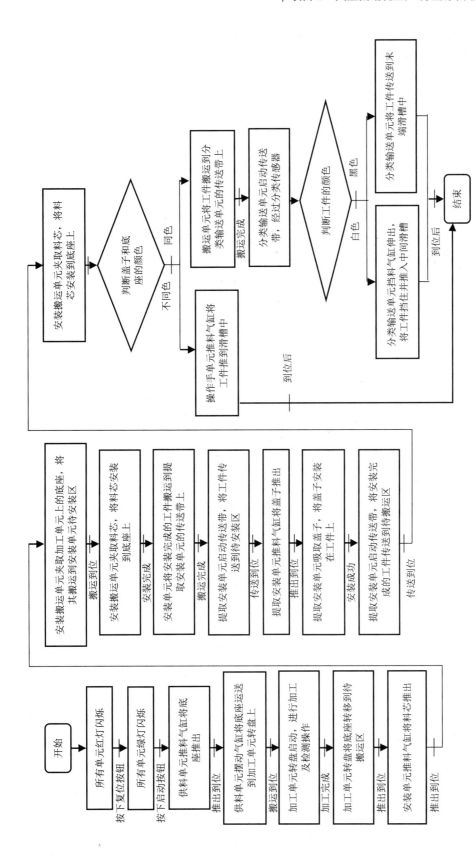

图 5-9-2   自动化生产线联机控制工艺流程图

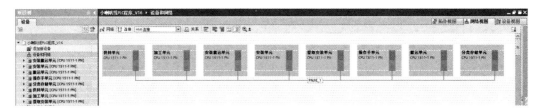

图 5-9-3　自动化生产线的 8 个单元的设备网络图

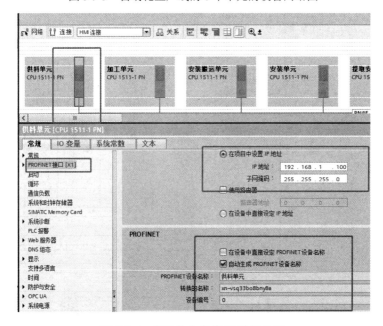

图 5-9-4　自动化生产线 IP 地址设置

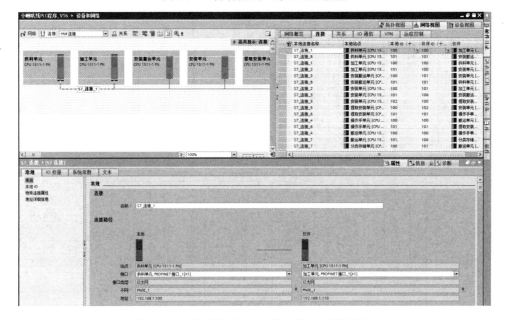

图 5-9-5　供料单元与加工单元的 S7 通信设置

S7 通信为单边通信，要相互通信，就需要进行加工单元与供料单元的 S7 通信设置，用同样的方法建立加工单元与供料单元的通信连接，如图 5-9-6 所示，注意，此处以加工单元为本地，以供料单元为伙伴。

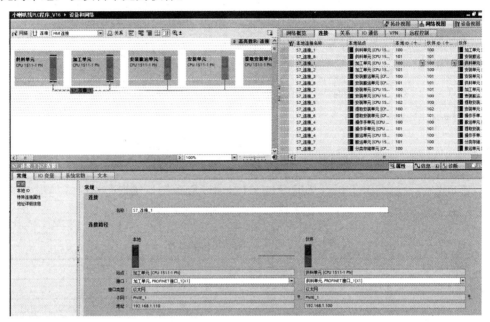

图 5-9-6　加工单元与供料单元的 S7 通信设置

以同样的方法建立自动化生产线所需要的所有通信连接，自动化生产线的 S7 通信设置如图 5-9-7 所示。

本地连接名称	本地站点	本地 ID（十六进制）	伙伴 ID（十六进制）	伙伴	连接类型
S7_连接_1	供料单元 [CPU 1511-1 PN]	100	100	加工单元 [CPU 1511-1 PN]	S7 连接
S7_连接_1	加工单元 [CPU 1511-1 PN]	100	100	供料单元 [CPU 1511-1 PN]	S7 连接
S7_连接_2	加工单元 [CPU 1511-1 PN]	101	100	安装单元 [CPU 1511-1 PN]	S7 连接
S7_连接_2	安装单元 [CPU 1511-1 PN]	100	101	加工单元 [CPU 1511-1 PN]	S7 连接
S7_连接_3	安装搬运单元 [CPU 1511-1 PN]	100	101	安装单元 [CPU 1511-1 PN]	S7 连接
S7_连接_3	安装单元 [CPU 1511-1 PN]	101	100	安装搬运单元 [CPU 1511-1 PN]	S7 连接
S7_连接_4	操作手单元 [CPU 1511-1 PN]	100	100	搬运单元 [CPU 1511-1 PN]	S7 连接
S7_连接_4	搬运单元 [CPU 1511-1 PN]	100	100	操作手单元 [CPU 1511-1 PN]	S7 连接
S7_连接_5	安装单元 [CPU 1511-1 PN]	102	100	提取安装单元 [CPU 1511-1 PN]	S7 连接
S7_连接_5	提取安装单元 [CPU 1511-1 PN]	100	102	安装单元 [CPU 1511-1 PN]	S7 连接
S7_连接_6	提取安装单元 [CPU 1511-1 PN]	101	101	操作手单元 [CPU 1511-1 PN]	S7 连接
S7_连接_6	操作手单元 [CPU 1511-1 PN]	101	101	提取安装单元 [CPU 1511-1 PN]	S7 连接
S7_连接_7	搬运单元 [CPU 1511-1 PN]	101	100	分类存储单元 [CPU 1511-1 PN]	S7 连接
S7_连接_7	分类存储单元 [CPU 1511-1 PN]	100	101	搬运单元 [CPU 1511-1 PN]	S7 连接
S7_连接_8	供料单元 [CPU 1511-1 PN]	101	101	安装搬运单元 [CPU 1511-1 PN]	S7 连接
S7_连接_8	安装搬运单元 [CPU 1511-1 PN]	101	101	供料单元 [CPU 1511-1 PN]	S7 连接

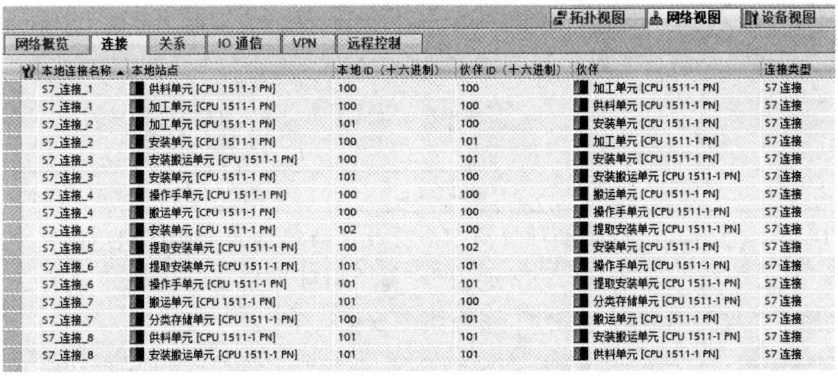

图 5-9-7　自动化生产线的 S7 通信设置

④ 调用函数块 PUT 和 GET。

指令说明：使用 PUT 和 GET 指令，通过 PROFINET 和 PROFIBUS 连接创建 S7 CPU 通信。

PUT 指令：可以从远程 S7 CPU 中读取数据。在读取数据时，远程 S7 CPU 可处于 RUN 或 STOP 模式下。PUT 指令的输入/输出参数如表 5-9-1 所示。

表 5-9-1　PUT 指令的输入/输出参数

LAD	输入/输出参数	说明
	EN	使能
	REQ	上升沿启动发送操作
	ID	S7 连接号
	ADDE_1	指向接收方的地址的指针，该指针可指向任何存储区，需要 8 字节的结构
	SD_1	指向本地 CPU 中待发送数据的存储区
	DONE	0：请求尚未启动或仍在运行； 1：已成功完成任务
	STATUS	故障代码
	ERROR	是否出错：0 表示无错误，1 表示有错误

GET 指令：使用 GET 指令从远程 S7 CPU 中读取数据。读取数据时，远程 S7 CPU 可处于 RUN 或 STOP 模式下。GET 指令的输入/输出参数如表 5-9-2 所示。

表 5-9-2　GET 指令的输入/输出参数

LAD	输入/输出参数	说明
	EN	使能
	REQ	通过由低到高的信号（上升沿）启动操作
	ID	S7 连接号
	ADDE_1	指向远程 CPU 中待读取数据的存储区
	RD_1	指向本地 CPU 中存储读取数据的存储区
	DONE	0：请求尚未启动或仍在运行； 1：已成功完成任务
	STATUS	故障代码
	NDR	新数据就绪： 0：请求尚未启动或仍在运行； 1：已成功完成任务
	ERROR	是否出错：0 表示无错误，1 表示有错误

在 TIA 博途软件项目视图的项目树中，打开供料单元的主程序块，建立"S7 通信"FC 函数，单击"指令"，选择"S7 通信"，将"PUT"指令和"GET"指令拖拽到程序中。调用"PUT"指令和"GET"指令如图 5-9-8 所示。

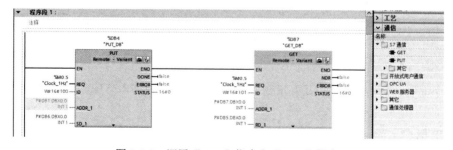

图 5-9-8　调用"PUT"指令和"GET"指令

配置客户端连接参数：依次单击"属性"→"组态"→"连接参数"，如图 5-9-9 所示，选择伙伴为加工单元，其余参数为默认生成的参数。

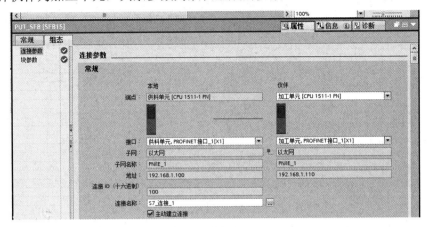

图 5-9-9 配置客户端连接参数

配置客户端块参数：首先在程序块中新建"写入加工单元[DB6]"数据块，如图 5-9-10 所示，并新建相关通信变量。

图 5-9-10 新建写入加工单元[DB6]数据块

然后在加工单元中新建"读取供料单元[DB1]"数据块，如图 5-9-11 所示，并新建相关通信变量。

图 5-9-11 新建读取供料单元[DB1]数据块

回到发送函数块 PUT，按照图 5-9-12 配置参数，每一秒激活一次发送操作，每次将客户端供料单元 DB6.DBX0.0 的数据发送到伙伴站加工单元 DB1.DBX0.0 中。因为加工单元无须向供料单元反馈信息，所以此处不进行 GET 数据处理。

最后需要进行更改连接机制的设置。选中供料单元 PLC，依次单击"属性"→"常规"→"防护与安全"→"连接机制"，如图 5-9-13 所示，勾选"允许来自远程对象的 PUT/GET 通信访问"复选框，所有需要通信的 PLC 都需要进行这样的更改。注意：这一步很容易遗漏，若遗漏，则不能建立有效的通信连接。

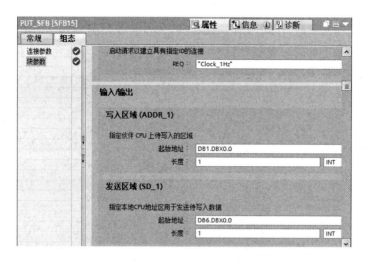

图 5-9-12　在供料单元中配置客户端块参数

图 5-9-13　更改连接机制

GET 的设置与 PUT 相同，将所需要的数据交换，在主程序中调用相关的通信函数块，并在收到相关数据后启动下一个单元的动作。各种程序功能复杂，本书不再一一赘述。

附录

过程考核报告书

一、实验要求

二、I/O 地址分配表（10%）

序号	地址	设备符号	设备名称	设备功能
1				
2				

三、气动控制回路图（10%）

四、PLC 电气系统接线图（10%）

五、设备工艺流程图及程序梯形图（30%）

六、功能的完成情况、设备功能的改进及程序优化（20%）

七、操作的熟练程度及答辩情况（20%）

1. 能说出实训站的结构与功能（10%）；

2. 能正确回答单元设备的相关问题（10%）（一个组两个同学，1 个人回答 1 个以上的问题，如果回答不出来，组内成员可以补充）

参考文献

[1] 何用辉. 自动化生产线安装与调试[M]. 北京：机械工业出版社，2015.

[2] 向晓汉. 西门子 S7-1200/1500 PLC 学习手册[M]. 北京：化学工业出版社，2018.

[3] 廖常初. S7-1200 PLC 编程及应用[M]. 北京：机械工业出版社，2017.

[4] 廖常初. S7-1200 PLC 应用教程[M]. 北京：机械工业出版社，2020.

[5] 孟庆波. 生产线数字化设计与仿真（NX MCD）[M]. 北京：机械工业出版社，2020.

[6] 黄文汉. 机电概念设计（MCD）应用实例教程[M]. 北京：中国水利水电出版社，2020.

[7] 芮庆忠. 西门子 S7-1200 PLC 编程与应用[M]. 北京：电子工业出版社，2020.

[8] 章国华. 典型生产线原理、安装与调试[M]. 北京：北京理工大学出版社，2009.